让孩子受益一生的

社会情商

晴天妈妈 著

中国水利水电出版社
www.waterpub.com.cn
·北京·

内 容 提 要

社会情商是孩子学习和成长的基础，也是获得幸福与成功的关键因素，更是一种核心竞争力。本书通过引导父母了解孩子的社会情绪，培养孩子社交必备的能力与独特气质，使孩子学会在社会交往中表达与掌控自己的情绪，善于理解他人，敢于直面问题和表达自我，从而成为社交中受欢迎的人，助力他们一生的成长。

图书在版编目（ＣＩＰ）数据

让孩子受益一生的社会情商 ／ 晴天妈妈著. -- 北京：中国水利水电出版社，2021.5
ISBN 978-7-5170-9557-6

Ⅰ．①让… Ⅱ．①晴… Ⅲ．①情商－儿童教育 Ⅳ．①B842.6

中国版本图书馆CIP数据核字(2021)第073376号

书　　　名	让孩子受益一生的社会情商 RANG HAIZI SHOUYI YISHENG DE SHEHUI QINGSHANG
作　　　者	晴天妈妈　著
出版发行	中国水利水电出版社 （北京市海淀区玉渊潭南路1号D座　100038） 网址：www.waterpub.com.cn E-mail：sales@waterpub.com.cn 电话：（010）68367658（营销中心）
经　　　售	北京科水图书销售中心（零售） 电话：（010）88383994、63202643、68545874 全国各地新华书店和相关出版物销售网点
排　　　版	北京水利万物传媒有限公司
印　　　刷	唐山楠萍印务有限公司
规　　　格	146mm×210mm　32开本　6.25印张　128千字
版　　　次	2021年5月第1版　2021年5月第1次印刷
定　　　价	48.00元

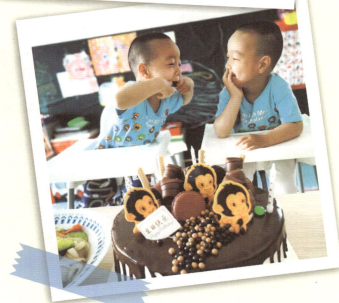

社交对孩子有多重要？

　　说到未来 20 年，教育者大概都会有种莫名的恐惧，今天我们最擅长的"刷题鸡娃"训练和"填鸭式"教育，在人工智能高速发展的未来还有出路吗？比起算法和数据，人脑还有赢的可能吗？孩子是否能更好地生存而不被科技淘汰？

　　在北美教育趋势关键词里，有一个很有启发意义的词——社会情绪能力，它是一个较学术的说法，也通常被人们称为社会情商，这让很多教育者看到了希望。人之所以为人，就在于我们有感知、有情绪、懂互动，能与周围的人面对面交往。即便虚拟游戏很刺激，我们还是需要回到现实人际交往中，从情感和关系里获得支持、帮助和理解。

人作为社会关系的总和，生来自带的情绪不可避免地带有社会和文化的烙印。个体在成长过程中，不断地从与周围人的交往中习得如何表达和体验情绪。因此，个体所在的社会环境、文化规范和道德信念等均成为情绪表达与理解不可忽视的影响因素。社会文化的内涵和意义附加到与生俱来的基本情绪中，形成相互交织和相互渗透的更为复杂的情绪，这就是社会化的情绪。从这个意义上说，人的情绪就是社会情绪，人的成长过程就是情绪的社会化过程。

可以说，人不只是个体化的人，还是有感受、有情绪的被社会化的人。人是完整的人，意味着他包含自己成长中的全部体验。

● 社会情绪能力是一个人感知幸福且获取成功的根本

哈佛大学有一项实验，在 76 年里跟踪了 100 个人，实验结果颠覆了过去我们所认为的成功秘诀——人不是因为成功而幸福，恰恰是因为幸福而成功。积极的情绪、支持性的关系、有意义的事业、持续的成就感才是通往成功的坦途。我们当然希望孩子获得他自己定义的成功，更希望他能真正幸福快乐，这种快乐不是感官的沉溺，不是艳羡的目光，不是他人的评价，而是从内心获得让自己满足的力量。拥有社会情绪能力，才是孩子未来人生幸福的根本。

🌀 社会情绪能力是成长和学习的基础

一个能自我认识、自我表达、处理和调动情绪资源、积极解决问题的孩子，在学业和成长中会具备更多的可能性。这不仅关系到孩子应对压力、面对挑战、团队协作的表现，更能帮助孩子遇强则强，迎难而上，而不是畏首畏尾，在成长中的困难面前当逃兵。这样的自信心、胜任感、自我效能感，也是孩子持续学习、成长，为日后"打怪升级"储备能量的发动机。

🌀 社会情绪能力是孩子具备独特
竞争力的撒手锏

我接过不少艺术创意类考生的心理咨询，父母无一例外地提到了特点、创造、个性这样的词汇，尤其是不可复制的创造力，更是父母关注的重点，孩子的情感、体验、交际、思维才是他们独一无二的财富。世上没有两片完全相同的叶子，孩子在这些方面的表现也不尽相同。想让孩子长大后有活力、有创造力、有竞争力，一定不能只是教育他勤奋、努力、拼搏，更多的是帮助孩子在尊重和接纳自己特点的基础上成长。

社会情绪能力有助于孩子快乐成长

过去几十年里，积极心理学最重大的发现就是"心流"，即忘记时空，将注意力完全专注于手头上的事情。这不是被动、他律的专注力，而是主动创造的成长力。孩子一旦解开了自己社会情绪能力的"密码"，就可以调动足够的心智资源、情绪和社交力量，更投入、更有创造性地享受自己的持续成就，把爱好变成擅长，把擅长变成心流。这种状态不是"社畜""房奴"带来的压力，而是自我成长的享受和乐趣，乐在其中，水到渠成，喜欢的事投入做，投入的事做成功。

社会情绪能力助推孩子一生成长

短期来看，社会情绪能力似乎和孩子的成绩、证书、表现并不直接相关，但带来的"附属品"却不仅仅是成功，还有熠熠生辉的品格特质，以及不会被取代的自我成长力。就像安装了一套顶级操作系统的超级计算机，可以自动迭代，个性化升级，持续满足需求。

借着这本书，我们能更深刻地认识大家都关心的社会情绪能力，这不仅让孩子情绪积极、社交愉快，能正面应对自己生活学习中的挑战和困难，还能享受成长和解决问题带来的快乐，持续地获得成就和幸福。我见证了上万个家庭通过应用其中的原理和方法，在亲子关系、家庭教育、行为管理、学业技能等方面收获成长，相信它也一定能给你带来启发。

每个父母都是最好的育儿专家，他们能找到孩子社会情绪能力的密钥，使家庭教育既立足当下，又收获未来！

目 录
Contents

 蹲下来，了解孩子的社交情绪

第二章 学会八种能力，让孩子社交无障碍

培养独特气质，让孩子成为受欢迎的人

第三章

第四章 父母的情绪，决定孩子的社交质量

第一章

蹲下来，了解孩子的社交情绪

通过四种气质类型、五大学习力曲线来解读孩子情绪

　　我在咨询中遇到的问题里，排名第一的就是孩子的情绪问题。太多父母向我抱怨自己明明学了那么多方法，读了那么多育儿书，可是对孩子的情绪问题依旧束手无策："方法都挺好，为啥到我们家就不管用了呢？"

　　我自己也遇到过同样让人感到无力的问题，有一次因为抢一个布偶，大女儿一把将小儿子从沙发上推了下来，险些磕破了头，我惊慌之下一边冲着女儿大吼，一边哭。

　　在职场上，父母也许是无所不能的，但在孩子面前却都是无能的。

相信你也一定有过类似的经历。我在做亲子咨询的过程中，发现遇到的每一位爸爸妈妈都曾无数次为此感到无能、无力。

父母总是希望孩子一切正常，开开心心，活泼又聪明，喜欢学习，非常懂事……现实中却不停地上演对峙、哭闹、大发脾气、争抢物品等冲突。

但是，事实上，这样的危急时刻正是转机，是我们把愿望变成现实的关键时刻。不是孩子太麻烦，是我们需要更懂孩子。

孩子的大脑大不同

我们常常抱怨孩子，甚至产生冲突，很大程度上是因为我们不够了解孩子。单从生理方面看，孩子的大脑中有上百亿个蜂巢，而成年人的只有孩子的 1/3 ~ 2/3。孩子大脑神经元的连接程度比成人要高得多。我们平常在听书或看电影时，如果将语速调整到 1.5 倍，再把我们所看到的画面的运转速度调成 1.5 倍，会有什么感觉？我们的脑袋一定会嗡嗡作响，不仅晕，还很累。

相比于成人，孩子就像是没有修剪过的树，他们的大脑的连接程度比我们更高，他们的神经比我们更活跃，他们的听觉敏感度和视觉敏感度都比我们要强得多。所以他们经常左顾右盼、动来动去。

孩子好动，除了大脑的连接程度更高，也与大脑发展的不平衡有关。左右脑是具有相对分工的，左脑的工作包括管理情绪和注意力、组织语言、细节观察等，而孩子的左脑相对比较小，所以大多数孩子会表现出非常难以集中注意力，也容易冲动、情绪化。但这种不平衡会在孩子成长的过程中不断得到修正，最终达到一种相对的平衡。换句话说，从幼年到成年，孩子的左脑处于不断发展的过程。如果我们明白孩子大脑的这种发展过程，面对孩子的情绪时，是不是就会更容易理解了呢？

发现孩子的气质类型

很多父母在面对孩子的情绪问题时，容易进入一个死胡同："怎么孩子和我想的不一样呢？""为什么有的孩子像天使，有的孩子像恶魔呢？"除了孩子大脑发展的因素，这其实与孩子先天的气质类型有很大关系。

心理学上通常把人的气质分为四种类型：胆汁质、多血质、黏液质、抑郁质。

胆汁质

胆汁质的人大多属于天生的社交家，热情、直率、精力旺盛，但是脾气有些急躁，心境变化大，非常容易动感情、被感动，性格外向。典型的胆汁质特点的人物是猪八戒、李逵、鲁智深、张飞。

多血质

多血质的人更像是梦想家，活泼好动、非常敏感、反应迅速、喜欢跟别人交往，但是注意力特别容易被转移、被分散，兴趣和情感也容易发生变化。典型的多血质特点的人物是孙悟空、曹操、赵云、王熙凤。

黏液质

黏液质的人大都属于实干家，平静、善于克制、生活比较有规律、不为无关的事情分心、埋头苦干、有耐力、比较节制，态度相对稳重、不卑不亢，不爱空谈，实事求是，严肃认真，但是缺点也比较明显，就是不够灵活。典型的黏液质特点的人物是沙和尚、林冲、诸葛亮。

抑郁质

抑郁质的人像是思想家。容易显得孤僻、不合群，但非常细腻、敏感，情绪比较饱满，腼腆而多愁善感，行动相对迟缓，优柔寡断，相对来说内向一些。典型的抑郁质特点的人物是林黛玉。

就像西游记里的四个主人公，各有各的可爱，也各有各的可气，每种气质对应的表现就像是硬币的两面，优缺点相伴相生。

很多人会问："我的孩子是孙悟空加猪八戒型的，是不是有什么问题？"

其实绝大多数人都具有一种或两种以上的性格特质，它也没有好与坏、对与错之分，重要的是接纳人与人之间的不同。但现实中很多父母还是不能接纳与自己性格特质迥异的孩子。比如说你是孙悟空型的，孩子是唐僧型的，你就会觉得这个孩子怎么这么腼腆，自己就会觉得不舒服；但如果反过来，你的孩子是孙悟空型的，你自己是唐僧型的，你也会觉得冲突非常明显。

🌀 内向也是一种优势

内向孩子的思维能力和敏感程度更高，当然，这不是说内向或外向哪一个更好。气质类型也不是说多血质就好，抑郁质就不好，而是当父母的特质与孩子的特质交叉组合、相得益彰时，对彼此的助力才能得到放大。

内向型的孩子有很多天赋和技能是内倾性的，他的内心世界更丰富。让不太爱说话的孩子给大人表演节目或者唱歌，反而会让孩子的自尊心和自我评价受到挑战。

马斯克是实现了私人公司发射火箭壮举的"钢铁侠"特斯拉的创始人，大家去看他的成长经历会发现，他从小并不算聪慧，各方面发展甚至有些迟滞，3 岁了都不怎么说话，属于典型的内向孩子，但这丝毫没有成为他取得巨大成功的阻碍。

天赋特质、气质类型和父母的教养方式要相互磨合和匹配，没有绝对好的气质和个性。内向或外向只是一个特质，并不决定孩子一生的发展。

🌀 了解孩子的成长曲线

父母有时候会担心，如果孩子内向敏感，长大后会不会吃亏？其实孩子的成长除了受各种气质类型、自身的特点影响外，还涉及发展阶段问题，那就是孩子的短期表现和长期发展之间并不是完全正相关的。有人说"三岁看大，七岁看老"，但在研究者眼里，人的一生发展不只是从小见大，环境和个人的相互促进不只发生在最早能看到的情绪和性格特质里。前文提到的马斯克就是典型的例子。

在孩子一生的能力发展阶段里，我们可以看到五种典型的成长曲线。

蒙智曲线

有的人一生的智力发展水平都比较平稳，不会一直逐渐上升，也不会突然下降，但随着年龄的增长，50 岁以后的能力开始逐步下滑。比如体力劳动者、工人或者一些技能随着时间的推移慢慢消退的从业者，当他的体力到了一定的年龄开始下降的时候，其学习能力不足，技能很快就会被时代的发展淘汰，逐渐进入一种蒙昧的状态。

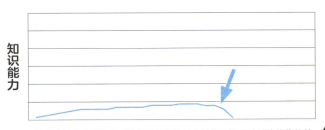

蒙智曲线

早谢曲线

有一类人的智力发展像花一样，会很快进入鼎盛期，但随着时间的推移，到一定的年龄就迅速走向衰败。比如，有些人通过高考改变了一生的命运，在相应的年龄过上了平稳的生活，这时他们的学习力与适应能力逐渐下降，尤其是退休以后，人生就不再前进了。

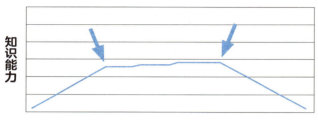

早谢曲线

成长曲线（也称觉悟曲线）

有些人一开始学业平平，但随着时间的推移，到了某个点，他会突然顿悟：我必须要前进。或是突然找到了人生的兴趣点。这类人的人生就像"开挂"一样，一直做自己喜欢做的事，当他投入精力去做时，发展得也非常好，几乎不受限。很多白手起家的人都属于这种，他们的学习能力随着觉悟点的出现而开始一路攀升。

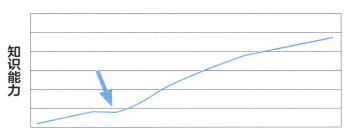

成长曲线（也称觉悟曲线）

卓越曲线

还有一类人会随着年龄的增长一直不停地努力，一直获取知识，智力在很长一段时间内不断增长。因为他在早期积累了智慧和财富，所以即使退休了，他的人生曲线也不会迅速下落，而是相对平稳缓慢地下滑。

卓越曲线

睿智曲线

睿智曲线反映的是大家最向往的人生赢家的状态。这类人的智力水平从出生到死亡一直在不停地上升，随年龄的增长而增长，像陈酒一样醇香。

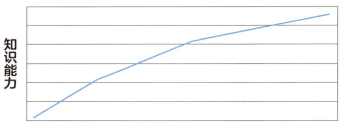

睿智曲线

依据这几个比较形象的成长曲线，父母可以对照自己的成长阶段和孩子的成长曲线进行观察，孩子在目前的节点属于哪种状态？孩子的个性特点在人生经历中有哪些确定的和不确定的因素？甚至回溯我们自己的成长，自己的人生起伏带给我们什么样的体验？

一个人的发展及成就固然与遗传因素有一定的关系，但这并非决定性因素。遗传因素和后天环境的交互作用，在时序和空间的背景下，个人具有自我成长力和复原力。脑科学的"神经可塑性"原理也支持这一观点：人具备一切的可能性。

情商高并不只是会好好说话

"宝贝，你冷静冷静""孩子，你控制一下自己的情绪"，这样的话大概每个父母都和孩子说过。

想提高孩子的情绪力，帮助孩子面对自己的情绪，拥抱孩子的情绪怪兽，我们必须了解情绪智能，也就是情商。

过去很多人觉得，孩子情商高不就是能好好说话吗？不就是孩子会社交、与人交往吗？而在丹尼尔·戈尔曼博士所创造的情绪智能体系里，他提出了一个概念：社会情绪学习。社会情绪和情商这两个概念常常被误用，甚至很多人将社会情绪学习等同于现在流行的"三天让你好好说话""高情商等于好好说话"。

情商的确是一个处理人际关系的能力，和高情商的人交往真是如沐春风，感觉周到又真诚。这是一个人的情商提高之后自然而然的结果，情商更核心的内容，其实是掌控自己的情绪——既让别人舒服，也不委屈自己。

这种能力取决于父母和孩子情绪互动的方式。我们和孩子在一起的每分每秒，都在不间断地进行着情绪上的交流。尤其是在孩子情绪不好的时候，如生气、伤心、哭闹、大发脾气，我们应对孩子这些消极情绪的方式，将对孩子未来的情商发展有极大的影响。

情商的五个方面其实就是：认识自己，管理自己，激励自己，认识别人，管理别人。延展开来就是本书里我要和大家讨论的能力。

关于情商，人们通常有两大误区。

误区一：情商高就是会交际

很多人认为，情商高就是会交际，并且人际交往的能力可以速成，所以大家会看到非常多的文章，包括很多育儿文，以及速成班都在推荐"几天让孩子变成社交达人""几天让孩子成为一个情商高手""几天让孩子成为一个受欢迎、会合作的人"这类课程。

误区二：情商高就是让别人舒服

情商高确实会让别人舒服，但真正的高情商和我们讲的情绪管理最重要的一点是既让自己舒服，也让别人舒服，它是一个双赢的结果。

通过隐忍或讨好，别人是舒服了，但是孩子自己的边界会不断被模糊。在这个过程中，孩子会陷入一种低自尊的状态，不知道自己要什么。

我们从小被教导要做一个听话、乖巧、受欢迎的人，但是等自己真正在社会中面对工作、有了孩子以后才发现，好像我所选择的一切都是被别人逼迫的，我并没有享受自己的状态，甚至不知道如何给自己放个假，如何在工作中跟别人合作。在这点上，情绪管理能力是有代际传递的，不仅是孩子自己的小圈子社交、父母和孩子之间的沟通涉及情绪管理，甚至我们和孩子的祖辈之间的关系也涉及非常多的情绪管理话题，这些都会影响孩子的社交。

社会情绪学习，其实就是指学习在与他人的交流中控制自己的情绪，表达自己的情绪，表达对别人的关心和照顾，做出负责任的决定，建立并维持良好的人际关系，有效地处理各种问题。

1993 年起，社会情绪能力学习（SEL）就在全球数千万孩子的选修课堂里开展，且取得了非常好的实效。数据表明，它能减少问题行为，促进更多的孩子积极思维的发展，有利于孩子形成良好的学习态度和习惯，提高学习能力。每个孩子在进行了社会情绪学习之后，学习成绩普遍提高了 11% ~ 17%。可见，社会情绪学习能力的建立和提升，并不仅仅表现在情商高、会社交，它还与孩子学习能力的提升密不可分。很多孩子在社交和学习方面的能力出众，这正是孩子社会情绪能力提升的外在表现。

社会情绪学习的真正力量，不是好好说话，更不是屈就自己成全别人，而是自我成就、自我实现、自我突破。

不同类型孩子的社交攻略

　　我们经常发现一些影响孩子社交的拦路虎，比如恐惧、焦虑、压力、自卑。有的孩子对于和别人建立联系有极大的恐惧感，当然，很多成年人也会有这样的问题。我遇到过许多社交恐惧者，他们能在网上与人热情地聊天，可一见面就哑口无言。恐惧社交的背后其实是一个个情绪"魔咒"。

🌀 魔咒一：孤僻离群

　　有的小朋友总在社交中觉得自己不好，担心别人不喜欢自己，甚至孤僻离群，一个人待着时觉得很安全，并且很难融入群体。

这种孤僻有两种原因：第一种原因是他没有尝试社交，没有办法融入和习惯与人相处；第二种原因是他不善于社交，即便可以跟别的小朋友玩，但所谓的"玩"仅限于打个招呼。

这也与孩子的游戏阶段有关系，3 岁以内的孩子更喜欢单独的平行游戏，即大家可以一起玩，但他们所谓的"一起玩"就是在一起各玩各的，互不打扰。这个阶段的玩耍，更像是享受同一个空间的各自陪伴，很独立，并不依赖于社交中的互动。这种情况明显不属于社交中的困扰因子，而是孩子社交发展中的必经阶段。

需要我们注意的是缺乏社交的孤僻。有些封闭的孩子，没有办法主动建立新的圈子，永远只跟几个熟悉的人玩，因而每次换环境的不适感会更强烈，社交中的疏远也更明显。

🌀 魔咒二：自傲与强势

有的小朋友就是"小霸王"，认为自己什么都很好，在家庭和社交中总是把自己当作中心，习惯于恃强凌弱。

🌀 魔咒三：充满敌意

有些孩子会觉得别的小朋友只要跟自己不一样，那就是敌对的。比如自己是小班的，他是大班的，大家就不是一个圈子。还有一些小朋友在社交中会表现出强势，喜欢干涉别人或干涉群体。

魔咒四：羞怯不安

有一些孩子，羞于和别人打交道，会在遇到新朋友，或看到陌生的叔叔阿姨时躲起来，甚至哭泣。明明提前和他讲好了今天要见客人，结果还是像一只受惊吓的小鹿，又躲又窜。

这个时候很多父母都会生气："哎，难得带孩子出来参加聚会，结果表现这么不好！"有的父母甚至可能会说："你怎么不打招呼啊！""你一点儿礼貌都没有，怎么可以躲在后面呢！我们之前不是说好了吗？"这些害羞的孩子反而会更加躲闪，更不愿意打招呼。

面对这种害羞的孩子，父母其实可以有更好的方式引导孩子。

父母需要了解孩子的特质。如果他本身就属于易羞怯型的，那父母就需要做好准备工作，提前跟孩子详细地说清楚："我们明天会见到××，他跟爸爸妈妈的关系是怎样的，爸爸妈妈是否喜欢他。"也可以提前翻出照片，让孩子看一看这个人长什么样，然后讲一个爸爸妈妈与他之间的小故事。这样，孩子对他就会稍微熟悉一些，接下来可以跟孩子分享："明天你见到他的时候可能会感觉有点儿陌生，但是没有关系，妈妈会一直陪着你，你可以等自己做好准备的时候再跟他打招呼。"

这个时候孩子就会有一个思考的过程：自己需要做一做准备。第二天见到这个新朋友的时候，你可以跟孩子说："这就是爸爸妈妈昨天跟你讲的××，他也很喜欢你，今天想跟你一起玩。如果你还没有准备好也没关系，你可以等自己准备好了再打招呼，或者你可以挥一挥手，用肢体来表达。"

这个时候孩子就会了解，父母对他的期待不是很高，或者做到这件事情并不困难。他可能一开始会观察对方，熟悉环境，确认这个环境是否让自己感觉安全且舒服。当孩子准备好以后，可能会挥挥手或者说"叔叔好"。哪怕孩子一开始没有太多的表达和交流，你也要鼓励孩子："今天你见到这个客人居然敢跟人家打招呼了！"及时点赞很重要。

同时，你也可以跟朋友说："平常他有点儿腼腆，但今天见到你，他跟你打招呼了，他一定是做了很多的准备。"然后可以请朋友配合你做个表演——夸赞孩子有礼貌，让他也尝到社交的甜头。这时候孩子就会觉得陌生人也没什么可怕的，慢慢地，他就愿意社交了。

想要让孩子在社交中有更优秀的表现，作为父母，我们就需要帮他们拆弹，解除魔咒，帮助孩子打败社交中的拦路虎，而不是怒气冲冲地把孩子逼成我们以为的勇敢、大方、有礼貌的样子。

助孩子实现从冲突到合作

　　容易害羞或者敏感的孩子，他们面对的困境不只是与陌生人打招呼，还有与父母好好合作，以及与别人愉快相处。在大人看来，与人相处并不是什么难事，而对孩子来说，他在与人相处时容易形成对抗甚至逃避。

　　怎样让孩子在社交中从冲突走向合作呢？我总结了两个方法。

做好孩子的"翻译"

　　如果孩子还没有做好准备见不熟的人，你可以鼓励他："等你做好准备了，再去尝试。"接下来，你可以建议他："如果你不想用嘴巴说的话，可以用手挥一挥；如果你没有想好说什么的话，可以给叔叔阿姨倒杯水，用各种方式去表达你的善意。"

当然，父母在这个过程中也要扮演好一个非常重要的角色，就是"翻译家"。有的时候，孩子可能没有办法直接把自己的想法、感受和那些内隐的需求说出来，父母就要在这个过程中不停地拆解，不停地解读，不停地帮助他跟外界进行各种各样的连接和翻译。

有一次我带着孩子去工作，有半小时没有理他，他说："妈妈，我不喜欢你工作。"我说："宝宝，你是不希望妈妈下次做事情的时候不理你，是吗？你觉得很难过是不是？"他说："嗯，是的。"孩子接着说："妈妈，我下次还想跟你一起工作。"我说："你是希望能够一直陪着妈妈，对吗？"他说："嗯，是的。"

在这个过程中，你会发现父母的解读很重要。如果孩子第一次跟我说："妈妈，我不喜欢你工作。"我说："你怎么能不喜欢妈妈工作呢？！妈妈工作是为了你，是为了赚钱给你更好的生活。"孩子就会觉得很挫败，其实他真正在意的并不是你工作或不工作的状态，而是你有没有回应他。

读懂孩子的言外之意，并从积极的视角翻译给孩子，是帮助孩子放下对抗、走向合作的关键。

很多小朋友在每个新阶段都会有分离焦虑，比如刚刚进入幼儿园，或者从幼儿园进入小学，其实孩子并非不喜欢新环境，有可能只是不愿意跟父母分离。

因此，孩子在社交和学习生活中，面对新阶段、新问题时，家长的翻译很重要，这是一种很好的亲子沟通的前提。忽略了这种翻译，就容易造成沟通困难，甚至曲解了孩子的意思。

比如孩子打了爸爸一下，说："爸爸，我讨厌你。"其实，他不是讨厌爸爸，很可能只是讨厌爸爸刚刚批评了他，想通过打或者说"讨厌"来去除爸爸不好的那部分，留下爸爸好的部分。在这个过程中，孩子的每一个细小的行为、动作背后都隐藏着大量没有表达的信息，我们需要扩充自己的"婴语词典"来翻译出孩子的行为、语言，这样沟通就会变得非常顺畅了。

☄ 鼓励孩子尝试，并肯定他

不论孩子面临怎样的社交困难，你总有一些机会可以鼓励他尝试并肯定他。不放过鼓励的机会，就是在对孩子进行正面强化。

比如，你可以说："妈妈看到你今天跟叔叔阿姨打招呼了，而且叔叔阿姨刚刚给妈妈发信息，说你特别有礼貌，希望下次还跟你一起出去吃饭。叔叔还说过两天给你寄一套书，因为你表现得很好，大家特别喜欢你，主动提出要送你一个礼物。"

在获得肯定后，孩子下次见到叔叔阿姨就会主动打招呼。因为他获得了成就，当这个成就多次被强化后，就形成了他自己的一套社交经验，因为这样的方式对他来说能获得肯定。越做，越擅长做；越能得到鼓励，越容易形成习惯。

其实，鼓励不仅对孩子有效，在夫妻关系中也奏效。很多人抱怨的丧偶式婚姻，就与缺乏鼓励有关。如果每一次爸爸去做什么事情，妈妈都会嫌弃或抱怨他做得不好，对方就会觉得："这事我干不好，因为我做得没有你好，而且我做了还老挨批评，那我干脆就不参与了。"同样，亲子关系、职场交往也是这样。

从冲突走向合作，首先，要通过示范、鼓励、建议，这也是非暴力沟通的过程；其次，要通过助推和肯定，让孩子获得成就感，最终帮助他获得社交成就。

孩子被欺负了怎么办

社交意味着要"走出去"，当孩子走出去后，免不了遇到难以预料的情况。比如，被别的孩子欺凌。

这几年，社会上关于孩子霸凌的事件时有发生。一项统计显示，每 3 个孩子里，就有 1 个被霸凌。根据联合国教科文组织 2019 年发布的一篇《数字背后：校园暴力和欺凌》报告，全球 144 个国家和地区里，每年有 2.4 亿孩子遭遇霸凌……也正是因为这些事件，很多家长才开始意识到，原来孩子成长的过程中还面临这样巨大的困境。

在讨论霸凌这个话题时，我们需要探讨几个方面的问题。

🔵 谁来定义霸凌，什么是真正的霸凌？

比如小朋友 A 在小区里玩，他看到一个小朋友 B 把 C 的玩具拿走了，C 推了 B 一下。从家长的角度看，是小朋友 C 推了 B；但是从孩子 A 的角度来看，是因为 B 先抢了 C 的玩具。所以在这个过程中，只是行为冲击的层面不一样，但究竟谁是主动侵犯，谁是被动侵犯，是很难界定的。

在我看来，界定是否被欺负，有一个非常明确的标志，那就是孩子的情绪感受。

如果两个小朋友在争抢玩具，你拿了我的，我再拿回来，然后又来回了几轮，但是谁也没有哭，也没有情绪上的大起伏，我们就不应当认为发生了欺凌。它是一个社交游戏，是社交的某个过程。

但是如果别人把这个孩子的玩具拿走，他"哇"地一下就哭了，或者被推倒受伤了，他有强烈的委屈感，甚至跑过来跟爸爸妈妈说："我很伤心，我很难过。"这个时候，他的情况可能就需要父母进行干预。

✎ 如果孩子确实受到了欺凌，怎么办？

当孩子确实遭受了欺凌，父母要告诉孩子："别人欺负你，并不是你的错，不是因为你穿了漂亮的衣服，不是因为你说话声音大或者声音小，不是因为你的昵称或者你的缺点。别人欺负你，是他的问题，他是不对的！"

如此说是因为很多人在面对别人发生欺凌的时候，会有一种想法：坏人为什么不挑别人下手？苍蝇不叮无缝的蛋，他肯定也有做得不对的地方。当孩子遇到欺凌的时候，很多父母也会有这样的想法，甚至斥责孩子。这就让原本在社交中处于弱势地位的孩子，承受更多的心理压力。因而我们需要让孩子知道：你被侵犯并不是因为你的问题，这是侵犯者的错误！

如果孩子真的在社交中遭到了强烈的不公正对待，应该怎么办呢？

我们首先要告诉孩子："不管发生什么事，父母都是爱你的。"

曾经有个妈妈，她8岁的儿子在学校被欺负了，妈妈从来不问问孩子"到底发生了什么"，只知道责怪孩子太淘气，直到这些情况严重影响了儿子的学习成绩，老师叫来谈话，妈妈才意识到自己的孩子受到了欺负。

还有很多孩子遭遇了类似的欺凌，有的父母向我求助该怎么办。我的建议是，先看一下孩子现在的状态，如果身体有问题就先去就医；如果身体没有问题，孩子描述的情况确实跟你调查的情况，以及很多家长核实的情况都相符，那就要替孩子捍卫他的尊严，因为这个时候比事实真相、学校氛围更重要的是孩子的感受。作为孩子最亲近的人，如果父母都不能站出来替孩子说话，孩子的内心会受到非常大的挫折，他会觉得连最亲近的人都不信任他。

父母要让孩子知道，不管发生什么事，哪怕是自己错了，父母依旧是爱自己的。这对孩子非常重要。

我们还应当让孩子知道，不管遭受什么欺凌，他都可以告诉父母或者老师，在紧急情况下可以大声呼救。另外，很重要的一点是：当你在社交中，不管遇到什么情况，如果觉得不舒服，都可以说不。通过告知让孩子知道，自己是一个独立的个体，有权利、有方法、有资源去达成自己想要做的事。

换个角度来看，那些经常欺凌别人的孩子，他们的心理动机又是什么样的呢？同样是孩子，难道他们就天生邪恶，莫名其妙地就想要欺侮别人吗？

这类孩子之所以有这样的行为，多数与其父母的教养方式有关。父母与孩子之间应当是相互尊重的，然而很多父母都忽略了对孩子的尊重。 如果父母对孩子想打就打，想骂就骂，那么孩子对自己身体和情感的控制就会很弱，对边界感的界定也会非常模糊。 如果父母打他，他都认为是正常的；那么他打别人，也就会觉得没什么大不了。 谈不拢，打一顿；看不爽，打一顿；闲得慌，打一顿。 在家庭里长期被虐待的孩子，社交和成长的方式也多半容易从家庭里复制。

我们经常会看到那种"从小被打大的孩子"，或者成长于父母经常暴力相向的家庭中的孩子，他们长大以后很可能就习惯于使用暴力。

🌀 如果孩子有这些情况，一定要考虑是否被霸凌了

当孩子突然不想入园或者上学，情绪莫名地发生变化，睡眠或者行为异常，抱怨有同学对他不友善，身上出现伤痕等，有可能是孩子被霸凌了。

语言霸凌、肢体霸凌、社交霸凌、网络霸凌都可能对孩子造成重大影响。

长期被霸凌，会让孩子觉得：

"都是我不好。"

"是不是我真的这么差？"

"为什么一定是我？"

"我是不是不值得被人爱？"

......

孩子的自尊、自信就这样一点点在他人的负面评价中转为自己内在的声音："都是我的错"。其实这并非孩子的错，这一切，只怪欺凌者把语言和肢体当作了权力的游戏。

很多时候霸凌者就是因为受害者的不作为，而变得越来越过分，从语言上升到行动，甚至裹挟周围的权威一起来完成默认的欺凌，让受害者觉得"都是我的错，一定是我不好"，而忘记伤害别人的那个人才是最可恶的。

所以，孩子在面对霸凌时，最好的方法就是大声说"不"，该举报求助时千万不要害怕，找父母和信得过的人一起寻求解决方案，必要的时候进行"反击"。"反击"的目的不是伤害对方，而是用行动说"不"。

"不听话"的孩子更能掌控关系

女儿上幼儿园时，有一天老师给我打电话说："你女儿很有想法。"我问："老师，怎么了？""我建议她不要穿裙子，她就说了想穿裙子的五条理由。"老师接着说："我说不过她，就给你打电话分享这个有趣的辩论。

我首先向老师表明孩子应该遵守学校规定，毕竟生活在集体里，要遵守集体的规则。然后问老师："您看怎么办？"老师哭笑不得地说："哎呀，她那么有理有据，算了吧。但是不能穿蓬蓬裙，这样才不会影响她在幼儿园的活动，滑滑梯和动作幅度大的运动更方便。"

我们可以想象，如果一个孩子永远都只会说"好"，那他长大以后可能永远只能被动拒绝他人。对于这种"不听话"、很有想法，还会跟你辩论的孩子，你能通过辩论了解她思维活动的方式，同时她通过直接表达出自己的期待，也不容易受委屈。

那天回家后，我就跟女儿商量："小千，老师给我打电话了。她首先表扬了你，觉得你是一个特别有主见的孩子，会和老师争取自己的喜好。因为想穿裙子，你给老师列了五个理由。"

女儿很开心地说："是呀，妈妈，我给你讲讲这'12345'是什么。"

听完后我问她："宝贝，你看到幼儿园有小朋友穿裙子吗？"她说×班的×××穿了。

"穿的是什么裙子？"

"那种针织的裙子。"

"是蓬蓬裙吗？"

"不是蓬蓬裙。"

"你觉得你穿着什么样的裙子去幼儿园比较方便，不影响爬滑梯、玩游戏呢？"

她想了想说："妈妈，我还是不穿蓬蓬裙了吧，我就穿那种没有小花边的裙子。"

孩子和父母抬杠、辩论或者讲条件都是好事！这表明：

1. 孩子认知能力强，知道怎么和父母、老师谈判。

2. 孩子的逻辑思维强，能有条理地说明条件；因果联系能力强；语言组织能力强。

3. 孩子有很强大的掌控力，除了哭闹撒泼，知道抓住父母的弱点和情绪点进行谈判。所以孩子当面辩论的表现欲和好胜心是值得鼓励的。

4. 孩子敢自我表达，解决问题的能力强，有办法来实现自己的需求。

但也有父母质疑，孩子总辩论，遇到不称心的事就讨价还价，凡事都要"物质刺激"或者"被动奖励"，怎么办呢？

1. 表扬孩子在辩论或谈判中的逻辑性真棒！

2. 引导孩子有理有据地给出其想法的理由，刻意训练孩子凡事想因果，为自己表达和争取。

3. 和孩子把"谈判"变成"合作"，共同表达需求和想法。

4.少和孩子进行对抗性较强的辩论，不争输赢，多聊观点，多向孩子求助。邀请孩子参与做家务、采购等，生活中的事务参与越多，孩子越不容易产生"理所应当"的想法。

父母和孩子之间的辩论，重点不是谁输谁赢，而是帮助孩子更好地与别人合作，一起解决问题，让自己和别人都舒服。这不仅是认知能力，也是情绪能力。

亲子关系的本质就是对话与合作。别害怕辩论，多鼓励孩子，公共演讲的批判和表达都是从敢于开口开始的。经过这样的对话后，你会发现孩子自己也能理解规则，理解集体生活和社会中的自我边界。在社交关系里，孩子不是一味地顺从父母或者学校的安排，而是能够清楚地表达自己的需求，在经过自己的思考和权衡后，最终独立确定一个既让自己舒服，又让他人舒服的解决方案。

内向孩子的世界你要懂

经常有妈妈们问我：

"孩子太内向，怎么办？"

"孩子不爱说话，该怎么改变？"

"孩子不喜欢与人交往，怎么办？"

......

　　甚至很多父母因为觉得孩子太内向，一度怀疑孩子是不是患有自闭症。

　　自闭症，即孤独症，是"孤独症谱系障碍"之一，是一种儿童期全面发育性障碍，以交往障碍、言语障碍、智力障碍和行为障碍为典型特征。我们不能因为孩子有些内向，就认为他患有自闭症。所有病征，都需要医院确诊才能下定论。内向、少言、孤僻的孩子有很多，患自闭症的只是少数，千万不要强行给孩子贴上这样的标签。

内向型的特点

孩子的性格特点、气质差异、兴趣偏好各有不同，无论孩子是什么样子，作为父母，我们首先要做到的就是无条件地接纳。在面对内向型孩子时，父母需要了解这类孩子的特点：他们是什么样的？他们是怎么思考的？他们为什么会这样……

关于内向型的特点，我们可以通过 6 张图来了解。

当你想邀请对方出门：

我很想去，但我晚上有安排了。

其实她只想安安静静地看本书。

当遇到惊喜：

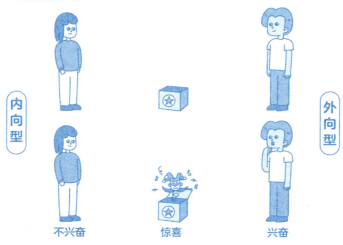

不兴奋　　　惊喜　　　兴奋

当你和对方聊天时：

嘿，你有没有在听我说话？

我在听，不好意思，周围的干扰太多了。

当你和对方一起参加聚会：

有内向型特点的人，其平静的外表下可能隐藏着无数的内心戏：

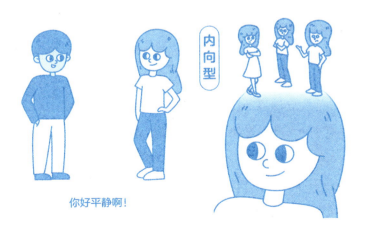

内向型的大脑，可能是这样子的：

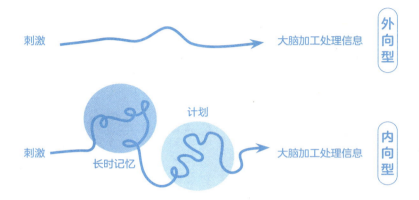

内向也是一种天赋

我们都希望孩子活泼开朗，乐意与人亲近，积极展示自己。面对内向的孩子，每次需要他展示才能的时候，家长都恨不得推着他上台，但孩子这个时候一定是很受伤害的。

其实内向的孩子在大脑抑制了部分行为的同时，也唤起了更多的专注力和思考能力。谁说能展示自己的孩子才是优秀的呢？内向，并不是缺点，而是一种天赋。

拥有这种天赋，并借此成就伟大事业的人有很多，前面提到的马斯克就是其中一位。当他的火箭上天时，我们才理解，3岁前一度被误以为是聋哑人的马斯克，其实是在更专注地思考和探索。内向孩子的坚持、敏锐、专注、创造力是被科学研究证实的。

苏珊·凯恩在《内向孩子的竞争力》中写道："如果一个内向的孩子在成长过程中，因为自己的性格问题，使父母经常向别人表达歉意，或被父母有意或无意地纠正，那么他就会对自己的性格感到自卑，不仅不会去寻找自己这种性格的优势，反而会因为让父母失望而痛恨自己为何是这样的人。这种自卑会给他的内心造成很多冲突，这些冲突会引发心理障碍，比如社交恐惧症、焦虑症等。"

无论是内向还是外向，父母都应该接纳、鼓励、支持孩子，身体力行地告诉孩子："无论你是什么性格的人，我都相信你可以。"

其实，无论孩子是否内向，尊重孩子的特点都会让我们的养育更轻松。毕竟，没有完美的孩子，也没有完美的教育，只有探索出适合自家孩子的教养方式，对父母来说才是最"完美"的。

自闭症也可以改善

如果通过诊断，孩子确实患有自闭症，父母也没有必要悲观。虽然自闭症孩子大多无法完全治愈，但是孩子的可塑性很强，加上环境的配合，接受适度的干预，患儿的行为问题很有可能得到改善。越早确诊、越早干预，对患儿越有利。

目前国际公认比较有效的干预技术是应用行为分析（ABA），现在正被一些专业的医疗机构或学校广泛使用。父母除了积极配合专业治疗，也要在日常的互动中尊重孩子的"不同"，按照孩子的节奏，给他特别的爱和关照。

长期来看，自闭症并没有那么可怕。我们要期待"来自星星"的美丽传说，更要在日常与孩子的点滴交流中发现他的天赋，帮助他成长。

不是所有的孩子都是天才，但每个孩子都有自己生命的礼物。高考中的"脑瘫天才""盲人学霸"，也在告诉世界——或许我们生而不凡，但被爱和自身的努力能使每个孩子都找到自己的成长方式。

第二章

学会八种能力，让孩子社交无障碍

"我生气了！"
认识情绪是情绪管理的第一步

　　每个人都有自己的情绪，对于孩子来说，因为情绪的管理能力有限，他们还不能理性地控制自己的情绪，所以情绪化会更为明显，一旦爆发会非常猛烈。而更让人困扰的不是孩子的情绪，是大多数家长在面对孩子情绪爆发时被孩子影响，叠加给孩子的伤害。

　　情绪的表达有很多方式，对孩子来说，通过玩耍表达情绪是最好的选择。

　　我曾做过一个调查，询问父母们："你们认为，孩子什么时候智力能够发展到80%？"

有的家长说 18 岁，有的说 10 岁，还有的说 6 岁，但其实 3 岁孩子的智力脑就已经发展到 80% 了。也就是说，成人的智力跟 3 岁的孩子相比，差异并不大，只是情绪脑的差异比较大，所以我们对情绪是有误解的。

大多数人会认为积极情绪是好的，消极情绪是不好的，消极情绪都应该被制止。恐惧、害怕、焦虑、愤怒似乎都是需要被"治疗"的大问题。比如孩子打人、咬指甲、说脏话、抖腿，甚至跟妈妈说"我讨厌你"之类的话，我们认为都是禁忌，因而常常急于纠正孩子，而忽视了这不过是孩子情绪的延伸和表达。

我们还有一些误会：孩子最好永远都快乐，永远不要出现消极情绪。似乎只有一个 24 小时都乐观、乖巧、安静的孩子才是正常的。

消极情绪，不都是坏的

在人类漫长的发展过程中，我们没有厚厚的铠甲，也没有超常的速度和力量，除了发达的大脑，并没有额外的武器。如果我们的祖先看到一个猛兽，不知道恐惧，不知道逃跑，那么人类肯定早就灭亡了，不会繁衍至今。恐惧、紧张等消极情绪，能够帮助我们学会自我防御，正是这类情绪有效地保护人类发展至今。

现代人普遍陷入压力和焦虑情绪，很多人想要摆脱，内心深处认为这种情绪是不好的，但这些情绪并不都是如此。心理学家曾做过一个实验，如果老师跟孩子说"我们再过几分钟要做一个随堂测试"，那么哪怕老师不做这个随堂测试，对孩子造成的焦虑都可以促使他们投入更多的时间复习，让他们比平常多掌握10%的知识。适度的压力和焦虑并不是坏事，反而可以让我们在学业、工作、生活中表现得更好，帮助我们集中注意力，在挑战中获得进步和成长。

就我自己来说，虽然我做过很多次讲座，但还是每次都会紧张，会不停地想听众是否喜欢我的分享，台下的人会不会觉得这与他们相关。这种压力和担心可以让我在准备课程时更集中精力、更严谨、更接地气，想办法让听众听懂并觉得有用，并帮助我正常发挥。

当我们看到孩子忧伤、哭泣、愤怒，甚至崩溃的时候，先别急于替孩子处理。首先要做的，也不是消除这些情绪。事实上，我们作为"旁人"没有办法代替孩子感受并解决问题，即便使用各种粗暴的方式，让孩子停住，但那些情绪依旧在孩子心里，它并不会随着行为的停止而彻底消失。

情绪需要出口，堵不如疏，憋回去的情绪迟早会发泄出来。父母应该做的是，想一想是什么引发了孩子这样的情绪，孩子通过这种情绪想表达的是什么。

我曾经遇到一个大学生，20多岁了还有遗尿的现象。她来向我咨询，刚开始聊这个话题的时候，她一直回避，眼神游离，顾左右而言他，直到最后才终于打开了心扉。原来在她三四岁的时候，有一次因为玩得太开心，忘记上厕所，就导致尿裤子了，当时很忙碌的妈妈不由分说地把她打了一顿，还批评她："你怎么这么大了还尿裤子！"之后又出现过几次这样的情况。上学后，只要遇到一些紧张的状况，比如大考或者比赛，她就会遗尿。家人带她去医院检查过，体检一切正常，生理上并没有什么问题，只能考虑是否有心理原因。其实这就是她紧张和恐惧的情绪被长期积压导致的，遗尿成了她应对焦虑和紧张的条件反射式行为。这样的状态甚至影响到她谈恋爱，因为她无法接纳自己，也觉得恋爱中有这样的行为会让彼此很难堪。

其实很多孩子10岁左右还会有偶尔遗尿的情况，这是很正常的，因为人类发育本身就是一个漫长的过程。负责排尿的生理器官也不是孩子到了上幼儿园的年龄就会自动发育成熟，环境变化、情绪起伏都容易导致遗尿的行为。如果父母在孩子的某个时期给予过度的负强化，反而会把这件很小的情绪事件变成一个大问题。

发现孩子问题行为背后的问题情绪

有不少孩子喜欢咬指甲，父母通常只是在看到时强行制止，但稍加留意就会发现这背后是有原因的。行为背后的"故事"，要么是孩子觉得很无聊，比如大人聊的话题他不感兴趣；要么是他感到紧张，比如受到爸爸妈妈或者老师的批评；要么是因为焦虑和无助，比如知道自己犯了错，但不知道该怎么应对。

在这些情况下，孩子可能会通过咬指甲这个小小的动作自我安抚，以舒缓自己的焦虑，减轻自己的压力。因为在孩子眼里，手是属于自己的、最便捷的安抚工具。当然，孩子也可能是想通过这样的行为来吸引父母的关注。这些行为背后隐藏的情绪，都需要父母去仔细观察才能解开。

当父母不能确定原因的时候，可以温和地跟孩子沟通。问问孩子："刚刚妈妈是不是有点儿严肃了？""妈妈是不是说的有点儿多，你不舒服了？"一方面可以了解孩子的情绪，另一方面也可以通过吸引注意力的方法缓解孩子的咬手指行为。

假如孩子在全神贯注地做游戏，或听着喜欢的故事，或搭建心爱的乐高，孩子还会咬手指吗？

如果看到孩子咬指甲，父母就批评孩子"说了不要咬指甲，你还咬""脏死了，太恶心了"，甚至揍孩子，这些负强化反而会让孩子把咬指甲这个小行为变成一个更大的问题，他下次生气时可能就会开始撞头或者打滚了。这样的案例，我接触过不少，家长头痛医头、脚痛医脚，最后导致孩子的问题行为不断滋长。情绪没有被看到，只停留在解决行为层面，问题就会层出不穷。

父母很重要的功课是学会用心观察孩子的问题和困扰，了解行为背后的消极情绪。孩子很可能期待通过这种小行为的"烟雾弹"向父母呼喊：我有特别的情绪，我需要被你们看到。如果父母在这个阶段选择了忽视、拒绝、制止或者否定，不允许孩子有焦虑，不允许他不舒服，不允许他有烦恼和逃避，不允许他有防御行为出现，那么父母很可能就错过了从根本上解决这些行为问题的最好机会。

在教育过程中，父母应先看到情绪问题，再解决行为问题。因为往往在我们看到情绪的时候，行为困扰就在这个过程里被自动解决了。

即便是成年人，我们依旧生活在喜怒哀乐中，每时每刻都在产生情绪，也在消化着这些情绪。大人常说"生活不易""我太难了"，为什么却不能接受孩子也有情绪的现实呢？最重要的是允许孩子有真实情绪的表达，并全然接纳和帮助他，而非幻想一个完美小孩儿。这才是共情，这样的接纳才能让孩子的情绪迅速得到安抚和释放，不至于需要靠问题行为来自我安抚。

如何拆除孩子的情绪地雷

孩子的情绪来得快，常常会突然爆发。比如，一个孩子拿到了冰激凌，非常开心，但刚刚吃了一口就掉地上了。这时他的情绪瞬间就会从开心到失望，甚至伤心透顶，有的孩子还会大发脾气，开始大哭，这时该怎么办呢？

面对这种突然爆发的负面情绪，父母要学会及时疏导，学会使用拆除情绪地雷的三步法。

第一步，共情但不要同情

冰激凌掉地上了，如果是成人，可能会说："算了！反正我也不想吃这个草莓味的，正好可以换个香草味的。"或者会想："哎呀，都怪我一边刷手机一边走路，冰激凌才会掉地上。"我们能够很快地转移注意力，或是自我安慰。但是孩子很难做到，他会觉得："天哪！我的冰激凌掉地上了！"他满脑子都是冰激凌掉地上了，不会去想也不知道有没有别的方法可以解决这个问题，会停留在"冰激凌掉地上"的这个挫败感里不出来，一直哭！

如果父母站在自己的角度看，轻飘飘地说："哎呀，不就掉

个冰激凌吗！"这叫作同情，表明父母认为孩子小，没有能力面对这件事。父母应该对孩子说："你的冰激凌掉地上了，如果妈妈是你，妈妈也会特别伤心，冰激凌吃得正开心呢，可它现在掉地上了。"这就是共情。

第二步，帮助孩子识别情绪

认同孩子情绪的合理性后，父母还需要帮助孩子识别情绪，比如询问孩子："你现在是不是特别伤心？或特别失望？没有想到这个事情会发生！"通过这样的询问，帮助孩子认识他现在的情绪。

有一部动画片叫作《头脑特工队》，讲的就是大脑里的五种情绪——喜怒哀乐惧。这部动画是由哈佛大学教育学院参与研发的关于大脑情绪管理、认知记忆、性格品质的佳作，推荐父母和孩子一起看。我经常和女儿玩里面的模拟游戏。我问她："你大脑里现在是哪个小孩儿在跳？"她可能会说，"我现在是怒怒在跳"或"我现在是怕怕在跳"。当孩子可以把情绪清晰地表达出来时，他的情绪就缓解了一半。

情绪颗粒度越小的孩子，越能区分自己是生气、愤怒，还是暴怒。当他们很好地体察并表达自己的情绪时，就能将自己很多不合理的情绪拆解。

父母也可以通过绘本来帮助孩子更有趣地识别各种各样的情绪。有一套绘本叫《我的感觉》，它把孩子所感受到的思念、成就感、自尊、自信等拆解成不同的话题，帮助孩子在相应的场景中识别这些情绪与情感。

关于"拥抱孩子的情绪小怪兽"这个环节，我们可以和孩子一起制作情绪识别的游戏，比如做一个情绪脸谱，画出喜、怒、哀、乐、惧等各种各样的情绪。你会发现让孩子通过情绪脸谱来写自己的情绪日记时，会给我们许多不一样的启示。另外，做情绪鬼脸、猜绘本动画里人物的心情和行为反应，都是很好的情绪游戏。

我们还可以记录孩子的情绪瞬间。父母可以和孩子一起留心观察彼此什么时候容易生气，什么时候容易高兴，什么时候容易愤怒，以及什么时候容易恐惧。当我们足够了解孩子的情绪模式后，就能有准备地跟孩子进行互动。

父母也可以带孩子一起制作情绪温度计。我家常用的情绪温度计有两种。第一种是在涂鸦墙上画一个温度计，告诉孩子妈妈今天有些难过，我的难过是几级；妈妈今天有点儿开心，我的开心是几级；妈妈今天因为你把我最喜欢的本子弄丢了，我的伤心是几级。这个过程中，孩子也能有效地通过父母的情绪温度计来识别自己的情绪状态。第二种情绪温度计就是拿自己和喷火龙进行比较，当孩子把我的东西弄得乱七八糟时，我会说："妈妈变成一只喷火龙了，现在长出了龙尾巴，又长出了龙翅膀、龙爪子，还长出了龙头、龙角，最后长出了龙牙齿……我现在要喷火了！"通过把自己变成一只情绪喷火龙，可以帮助孩子渐渐识别情绪的维度和强度。

第三步，提供调整情绪的建议

孩子对自己的情绪有一个初步认识之后，父母可以抱着孩子抚摸他："妈妈知道你现在很难过，妈妈陪着你。你觉得我们是再去买一个冰激凌，还是继续做完我们要做的事情呢？"

在这种情况下，父母不仅接纳了孩子的情绪，不认为这是一件无足轻重的事，还帮助孩子命名自己的感受，是开心、愤怒、失落，还是失控或挫败。最后，还给孩子提供了选择，使孩子知道冰激凌掉地上了，虽然很难过，但并不是没有办法。

我们引导孩子表达情绪的重点有两个。

第一，不管是积极的还是消极的情绪，都应该被接纳。我们要让孩子感觉到他的感受是合理的，爸爸妈妈能认同他的感受。

第二，我爱你，也认为你现在的生气是合理的，但我不认同你生气了就可以打人。即情绪可以被接纳，但是问题行为需要被制止。比如弟弟抢了哥哥的玩具，两个人打起来了，妈妈可以告诉哥哥："弟弟抢了你的玩具，你很生气，我很理解。你可以用嘴巴告诉弟弟，而不是用手告诉他。"我们的重点不是劝架，不是裁判，而是让孩子知道：我爱你，你的感受、情绪都是可以被理解的，而且我认为你应该觉得生气或者不舒服，这些情绪都是合理的。但是，你的表达方式或者行为是不对的，这会让对方受到伤害。当父母引导孩子用更好的方式、更恰当的语言来表达自己的情绪或感受时，孩子的问题行为和攻击性就会越来越弱。

"我能行！"
自我评价高的孩子更受欢迎

父母都希望自己的孩子遇到任何事情都能够说"我能行"，对自己有一个积极的自我评价。其实，在"我能行"三个字背后涉及的不只是自信和力量，还有自我认识和能力掌握。

如何让孩子形成积极的自我评价，我们需要考虑两个因素——认识自我，以及他人的信任和期望。

认识自我

有一则神话叫作斯芬克斯之谜，讲的是一个狮身人面的怪物，经常在悬崖边问过路的人："什么动物早上四条腿，中午两条腿，晚上三条腿？"很多人因为没能答出来而被她杀死了，最后有一个叫俄狄浦斯的小伙子回答说是"人"而逃过一劫。他解释说：在生命早期，人还是个小孩儿，只能爬行；到生命的中期用腿走；到了晚年，需要拐杖支撑，所以就变成了三条腿。这个谜语从某种角度解释了人的成长过程。

古希腊的阿波罗神殿上刻有一句名言：人啊，认识你自己。认识自我是一生都在探究的终极难题，哲学上有个终极三问：我是谁？我来自哪儿？我要去哪儿？可以说，人生在世，我们始终在不断探寻着答案。"认识自己"说起来简单，然而在一生不同的阶段，我们对自己的认识都可能在不断变化。对于孩子来说，其早期的自我评价是从父母和周围人的评价转化而来的，即将别人的评价转化为自己对自己的认识，随着年龄的增长，孩子的自我评价才慢慢不受限于他人的评价。

● 他人的信任和期望

著名科学家罗森塔尔和他的助理曾发起一个实验，他们随机抽取了一些学生，告诉他们："经过检测，你们是超常儿童，智力非常发达，情商非常高，你们将来肯定会成为非常有成就的人。"然后，罗森塔尔把这些随机抽取的学生的名单交给了学校领导和老师，因而老师一直把他们当作真正有潜能的人来培养。一段时间后，神奇的事情出现了：那些被随机抽取但其实根本没有经过筛选的学生，成绩都有了较大的进步，且性格活泼开朗，乐于和别人打交道，自信心强，求知欲旺盛。

后来，当罗森塔尔把实验结果公之于众的时候，大家都觉得非常诧异，引起了巨大的轰动。当你认为一个人优秀的时候他就会变得优秀，这听起来似乎不科学，但事实的确如此。

这个著名的罗森塔尔效应，又称为皮格马利翁效应。皮格马利翁是古希腊神话中的塞浦路斯国王，他对一尊少女雕像产生了爱慕之情，他的热望最终使这尊雕像变为一个真人，然后成为他的妻子。皮格马利翁效应讲的是期望能产生奇迹。

罗森塔尔实验给我们的启发是，当你的自我评价与他人的期待值一致时，你就会通过不断努力去实现，最终实现自己想要的结果。

一个人的自我评价不仅取决于自己的认知和自我判断，还源于他人对自己的评价，这会强化这个人对自己的印象。对于孩子来说，他在这个世界上的第一个评价是父母给的，所以父母的评价会慢慢转化为他的内部对话，这个内部对话又表现在外界，随着成长过程中自身与环境不停地碰撞，最终会实现他对自己的自我评价。

因此，想让孩子变得积极，变成一个常常说"我能行"的自信乐观的孩子，很重要的一点是父母要给孩子更多的支持，帮助孩子形成积极的"他人评价"，并引导孩子慢慢了解自己，让孩子相信：只要自己愿意，就可以通过行动，成为想要成为的人。

🔵 情绪黑洞——自卑感和羞耻感

孩子自我评价不够高，通常涉及两个因素：自卑感和羞耻感。著名心理学家阿德勒认为，一个人5岁之前所经历的事，会最终形成他解释这个世界的运行方式，而且会导致他对世界理解的全部方式。

其实，每个人都在应对自卑。在我们的传统观念中，人们认为有能力的人不会自卑。但事实上，即便有些人看起来非常自信乐观，他们也有可能时刻与自卑打交道。他们有时候也会想：自己确实有一些地方不如别人，或是长得不好看，或是身材不好，或是能力不足，各种各样的原因都会导致每个人时不时地有这种自卑情绪。

自尊水平有很多维度，如稳定的高自尊、稳定的低自尊、不稳定的高自尊、不稳定的低自尊。有一个比较典型的例子，生物学家达尔文就是一个自尊水平特别低的人。据说，他因为一个竞争对手要拿着他的论文去发表，这才站出来发表自己的论文，真正开始著书立说。从这件事上我们可以发现，那些自尊水平比较低的人通常的想法是"算了，我不去争了"，处于一种与世无争的状态。

自我评价不高的另一个原因是羞耻感。有些人会觉得自己很不好，自己所做的一些事情不仅让自己不舒服，还会让他人觉得自己很差劲；或是觉得自己的父母很平凡，如果和他们一起出去会让自己很丢脸。

如果我们想让孩子更加自信，自我评价更高，我们就要去帮助孩子克服自卑感和羞耻感。

比如，孩子平时的成绩不是很好，或者做了一些看起来可能让我们"没面子"的事时，父母可以找机会和孩子沟通一下："你做的这件事情是不太妥当的，但是不影响我们爱你。"或者说："这件事情我们想一想怎么样把它做得更好，爸爸妈妈可以跟你一起来解决。"

这样父母才能发挥榜样效应，才能激励孩子面对问题，并且学会借助别人的力量来解决问题。父母是孩子自我评价的第一参照物，孩子最初是通过父母对他的评价形成他对这个世界的认知的。"我被爱，我能行，我还能找到帮手一起解决问题。"这样的胜任感和解决力就是孩子成长的突破点。

很多父母没有意识到，对孩子的训诫会让孩子终生难忘。有一位著名的主持人曾在提起自己的父亲时说，小时候家庭教育非常严格，她说着说着就湿了眼眶。还有一位著名演员，在一次采访中主持人问她："小时候你妈妈对你的教育是怎样的？"她突然很警觉地回头看了一下，好像妈妈就在她身后一样，接着她一边流着眼泪，一边说到小时候妈妈对她的严苛和打骂。

其实有同样童年经历的人很多。经历过这些的人，大多对自己的评价不高，容易自我否定，即便取得了很高的成就，依旧会觉得自己"不够好"。因为早年父母对他们的苛责已经成了心中强有力的暗示，即便花了很大努力重新塑造了自己的内部对话，依然会有这样的"背景音乐"。如果父母不希望自己的养育方式给孩子带来过多的伤害，不妨尝试两句神奇的话来跟孩子沟通，帮助孩子变得自信。第一句是："我们要不要一起试试看？"这样一句简单的话可以鼓励孩子再试一试不同的解决方案，激发孩子进取的意志，告别挫败感。第二句是："你需要爸爸妈妈的帮忙吗？"或者"你需要我帮你做点儿什么吗？"我们需要给孩子一种支持性的暗示，并在他需要的时候给予实际的、及时的帮助，让他知道我们是支持他的，随时准备着做他的后援。

当父母给了孩子机会和空间去不断尝试，并且适时地给予必要的支持和帮助，让他觉得被信任、被期待时，孩子的自信自然就逐步建立起来了。

"我自己来！"
独立的孩子更有责任感

啃老或者寄生，都是父母不愿意看到的养育结果。新闻上越来越多的"巨婴"也给养育者敲响了警钟——再爱孩子，也必须让孩子独立，学会为自己负责任！

想让孩子独当一面，成为一个有责任感的人，要相信"懒妈妈才有好孩子"。我发现不少热衷于"甩锅"的爸爸妈妈反而为孩子创造了很大的自我负责空间。

● 三个关键点，帮助孩子更独立

网上有一段非常火的视频，一个一岁半的外国孩子会自己收拾家、倒垃圾、穿衣服、洗澡……日常生活完全不需要父母代劳。很多父母都特别羡慕地说："外国人是不是特别会培养孩子啊？"

其实这倒未必，每一位父母都能培养独立的孩子，关键是要掌握几个核心要素。

信任孩子，相信他们是有能力的

现实生活中，我们的很多言行都表现出对孩子的不信任。比如，很多父母担心孩子自己吃饭会弄得到处都是饭菜，弄脏衣服，或担心孩子吃得太多或吃不饱，又或者吃太久了饭会凉了。尤其是有老人共住的家庭，老人会一直追着喂孩子，这样可能导致孩子到了四五岁还需要大人喂饭才吃。上了幼儿园也是吃得少，吃饭慢。

但其实孩子从会抓握开始，就有能力自己进食了。在我家，孩子 8 个月时就会用手抓着一些菜送到嘴巴里，虽然弄得饭桌上一团糟，但 1 岁左右基本上就不需要喂饭了。不管是吃饭、做家务，还是收玩具、穿衣服，我们一定要相信孩子的能力，他们是带着自己先天的技能来到这个世界的，并不是没有能力生存，我们只需要让孩子一点点地开始自己尝试就足够了。

适度鼓励，先让孩子尝试去做

信任的外在表现就是给孩子锻炼的机会，绝不事事包办。比如 3 岁的孩子可以帮爸爸妈妈洗洗碗、拖拖地，虽然孩子不一定能做好，但这并不重要，重要的是他可以去做一些尝试，在尝试中不断得到锻炼和成长。而且，做家务也能帮助孩子认识到自己是家庭的一分子。

使孩子获得成就感

通过父母的鼓励，以及孩子帮助别人而获得的快乐，孩子会不断获得积极的反馈，因而意识到自己是可以独立的，是有力量的，不仅能自理，还能助人。

1 岁以内的孩子可以自己扔尿片；2 岁左右的孩子可以帮助爸爸妈妈把脏衣服送到洗衣机里，或者在父母的提示下使用一些没有危险隐患的小电器；3 岁以上的孩子就可以尝试洗碗、晾衣服、拖地了。鼓励不同年龄的孩子参与到父母的生活劳务中，或做一些与自己有关的事情，都可以帮助孩子变得更独立。尽管一开始他们可能做得并不好，甚至需要父母"二次加工"，偶尔还会制造麻烦，但在这个过程中，父母和孩子形成了配合，孩子获得了自我独立的信心和成就感。

每个年龄段都有适合孩子的家务，家长可以通过对任务进行分类帮助孩子确认分工，分清哪些是孩子自己的任务，哪些是家庭的任务，哪些是社区或公益的任务。我们鼓励父母把做家务当作对孩子的日常训练，特别是适合孩子的独立任务。

我有一个热爱美食的朋友，他的孩子从 3 岁开始就陪着他下厨房。他做沙拉的时候，孩子会帮他撕菜叶子，还会用小刀帮他切水果，或者在一旁准备蔬菜。孩子现在 7 岁多，已经可以独立给父母准备一顿饭了。从小陪着参与家务的过程，既是孩子跟父母一起合作的好机会，又能成为亲子之间的共同体验。这能让孩子认识到："我和爸爸妈妈一起在厨房里做事，我可以帮父母做家务，我是家里的一分子。"

2020 年的新型肺炎疫情阻挡了很多人的脚步，孩子们和我在家度过了半年时光。这段时间，除了照看孩子，我还需要随时处理琐事、开会、在家远程办公。很多人觉得不可思议，但其实孩子们和我一样，都在各自忙碌，相互帮忙，彼此照顾。

在家里，孩子们有一个很好的习惯：每次玩过玩具或者看完书，我会讲"好朋友们，来帮妈妈一起把书送回家"，他们就会跟我一起把玩具和书"送回家"。他们逐渐建立起了这种秩序感：和自己一样，书、玩具到了一定时间都是要"回家"的，而不是杂乱无章地摆在地上。

有些家长担心，让孩子太早独立地去做事存在一些不可控的危险情况。当然，我们要事先考虑到这些，排除安全隐患，在保障孩子安全的前提下，让他们做力所能及的事，或配合父母完成一些任务，你会发现孩子的独立指数会一直上升！

自然惩罚效应

参与做家务有一个很好的"副作用"——孩子能从中学会自然惩罚。

我第一次跟女儿提出一起把玩具"送回家"时，她很配合；等到弟弟再大一点儿，对于公共的玩具，弟弟总是收一半就丢给她收，她就会问："为什么弟弟不送它们'回家'，而要我'送回家'呢？我为什么要帮弟弟收拾烂摊子？"我说："你也可以不帮弟弟把玩具'送回家'呀！"然后女儿果然把自己的玩具收走后，就不收拾公共的玩具了。第二天，他们共同玩耍的积木就少了一块，怎么都找不到。

我问孩子们："我们想一想这是为什么？"孩子们七嘴八舌地告诉我，可能有三个原因：第一个可能是爷爷把它当垃圾扔了；

第二个可能是老鼠把它叼走了；第三个可能是弟弟把它扔了。
我说："对呀，你们想一想：如果你们不把自己的玩具和公共的
玩具'送回家'，是很有可能发生这种事情的。"

三个孩子尝到了不做自己该做的事情的苦果，从那次以后，
便开始积极主动地把自己的东西收拾好。因为他们逐渐发现，
如果自己不做这件事情，可能会有更多的意外发生，惹很多的麻
烦，而妈妈又不会替他们善后。

在自理这一点上，父母需要跟孩子划出一道清晰的界限，让
孩子明白哪些事是你的，哪些事是我的，哪些事是大家的。比
如，你不会做饭而我会做，那爸爸妈妈可以给你提供所需的饮
食，但是别的力所能及的事情你可以参与进来，例如收拾桌子，
把玩具"送回家"，当妈妈生病时帮妈妈倒水。大家一起配合，
相互支持。

✺ 怎么合理使用物质刺激？

有些父母会用给零花钱、买玩具的方式来激励孩子做家务。
问题来了，我们是否应该用物质刺激来激励孩子呢？

如果说一件事属于分内之事，那就不该给额外的物质奖励。
比如，孩子自己的衣服自己洗，自己的玩具自己收拾，这些事本

来就属于他自己的责任；和家人一起扫地，这也是作为每个家庭成员都要做的。

如果我们因为这些家务给孩子物质奖励，那孩子是不是也应该为我们的养育支付报酬？虽然父母与孩子之间能力有大小，责任有大小，但亲子关系是平等的，更多的时候应该是合作和对话。一旦在孩子责任范围内的事情上给他过多的物质刺激，可能会使孩子误以为做这些事是应该被奖赏的，是自己的额外劳动，认为自己是在替父母完成任务，因而才获得物质上的回馈，这样孩子做家务的热情也会大大降低。

我们可以在某些习惯养成类的生活场景中给孩子一定程度的奖励，如孩子喜欢的贴纸。我也特别鼓励给孩子情感奖励，比如非常正式又有仪式感的夸奖："今天你自己刷牙了，我觉得特别棒，我们都给你鼓掌，给你一个大大的吻。"这样的情感奖励会让孩子觉得非常骄傲，也有足够的仪式感，就像获得表彰一样。

对于那些属于社区或公益的事情，比如，帮邻居扔垃圾或是打扫社区的某一区域，我们应该让孩子认识到这是在为社区做公益，或是帮爸爸妈妈在社区中承担了一些责任。对于这类劳动，父母可以适当地给孩子一些物质奖励。这和孩子一刷碗就给硬币完全是两回事。

为孩子提供更多的机会和父母一起做事，共同付出时间、精力和劳动，让孩子养成主动承担的习惯后，孩子会更有归属感和责任感，而不是衣来伸手，饭来张口，索取无度。

● 设立界限——自己闯的祸，自己负责任

在日常训练中还有一点特别重要，那就是给孩子设立界限——自己闯的祸，自己负责任。就像之前提到的自然惩罚一样，我们应该帮助孩子意识到这个原则。

比如孩子在玩耍的过程中伤害了别的小朋友，或在公共场所活动时把别人家的玻璃砸碎了，父母可以带着孩子一起去赔礼道歉。不是只有父母面对，而是让孩子自己去承认错误，通过道歉和补救，让他自己意识到自己所做的事情带来的后果，自己想办法解决。

在孩子还小的时候，我们可以跟他商量："你把邻居家的玻璃打碎了，你需要怎么做呢？"或者直接提建议："我们现在有个办法，妈妈带你亲自去道歉，但你要先开口，我们再买个礼物送给人家。这个买礼物的钱爸爸妈妈可以出，但是你要跟妈妈一起去找安装玻璃的人，我们一起把它修好，你觉得怎么样？"

在这个过程中，孩子慢慢就会知道："虽然爸爸妈妈很爱自

己，他们也会帮自己提供一些物质支持，但整件事情还是应该自己来买单。"所以在和孩子划定边界时，很重要的一点就是自然惩罚。这能使孩子意识到："我并不是因为害怕爸爸妈妈打自己，或是担心他们不爱自己而不去做不对的事情，是因为不想看到这件事情所带来的后果，这后果需要自己去买单，所以不能做。"

有一次，女儿把杯子打碎了，我没有立刻暴跳如雷，而是询问她："杯子碎了，你还好吗？"我先确认孩子有没有被划伤，确认安全后接着说："好，稍等一下，妈妈冷静一下。"我深呼吸一口气，抱着她说："你没有被吓到吧？"她说："没有，杯子碎了怎么办？"我说："宝贝，按照妈妈的经验，妈妈觉得这个杯子碎了，我们应该先扫到簸箕里，然后倒进垃圾桶里，多扫、多拖两遍，确认地上没有渣滓了，这件事就处理完了。但是这个过程要你跟妈妈共同来完成，好吗？"她说："好的。"

我们全部扫完、擦完以后，我又跟她确认："你觉得这两天我们可以光着脚在地上走吗？"她想了想说："不行，要穿拖鞋。"然后，我看到她那两天都在提醒家里的每个人："我不小心把杯子打碎了，你们要小心，要穿上拖鞋，不然脚可能会被扎破。"

在整个过程中，她并没有害怕妈妈打她或骂她，或是害怕杯子碎了后别人会对她有什么样的评价，表现出来的是："我打碎了玻璃杯，我要自己来收拾，承担这件事情的后果，并且负责提醒每个人，避免他们因为我的失误而受到伤害。"

"我帮你！"
有同理心的孩子更暖心

父母都期待孩子是个社会活动家，与人说话礼貌，谈吐大方自然，待人接物积极主动，处理问题有自己的方法。其实，他们天生就是社交家。或许你会疑惑：孩子不都是自我中心的吗？怎么又成了天生的社交家呢？

孩子的天性——自我中心

自我中心的确是孩子的一大特点，很多父母看到孩子不愿分享时会强迫孩子分享，认为他们不跟别人分享是很自私的表现。但实际上，自私的孩子才是真孩子。

普遍来讲，0～7岁的孩子最典型的特征就是自我中心，这个阶段的孩子很难像一个大方的成人一样表现："我给你，全都给你"。相反，他们会觉得："我哭了，父母要第一时间回应我；我生气了，父母要第一时间安慰我；我是宇宙的中心，我的东西就是我的。"所以孩子从0～7岁的成长过程就是不断地去自我中心化的过程。如果孩子常表现出过度分享，反倒要留意一下，是不是孩子习惯性地讨好，或者家人给了他太大的压力，以至于他被迫表现出一种非常慷慨的态度，期待以此获得别人的认同。及时发现这些反常表现并分析原因，才能帮助孩子健康成长。

🌀 划清边界，分享才会开始

我们不是要塑造一个表面大方的孩子，而是要基于孩子的心理，遵循他们的心理发展规律，科学地引导孩子学会分享。如果你发现孩子特别自私，物权意识特别强，这未必是一件坏事。我们可以针对他这个特点引导他学习分享。

对边界模糊的孩子，我们可以强化他的物权意识。我家里有一个非常好的"划分"仪式，我会跟孩子们讲："这个是姐姐的。""这个是弟弟的。""这个是妈妈的。""你想用妈妈的东西，要跟妈妈借。""如果我跟你都想玩同一个玩具，那我们可以排队轮流玩，或者我们共同设计游戏规则，一起玩！"所以在实际生活中，当弟弟想玩姐姐的玩具时，他会去向姐姐借；姐姐想玩弟弟的东西时，弟弟想到姐姐也借给过他玩具，而且借出去的会还回来，就愿意借给她。

在这个过程中，你会发现要想让孩子学会分享，首先要把边界划分得足够清楚。边界越模糊，孩子自我中心的状况会越严重。只有当大家都清楚自己和他人的东西的归属权，然后在合理的规则中去沟通互动时，才会有分享的可能。

🔹 亲子阅读，帮助孩子换位思考

如果孩子天生自我中心，只关注自己，那他能体会他人的感受吗？其实孩子是具备这种能力的。本书开头提到，孩子神经元的丰富程度是成人的 1.5 倍，在整个成长过程中，他所感受到、体验到的都是我们成人的数倍。从这个角度看，孩子天生就能够理解一些事物的因果联系。

当一件事情发生后，我们可以引导孩子思考这件事的后果，思考如果别人经历这件事，别人可能会有什么样的感受。这种思考力可以借助一些绘本来提高，让孩子接触一些故事，特别是隐喻故事，你会发现这对他们有一种神奇的力量，能激发他们思考，让他们更容易带入别人的角色。

孩子还不太识字时，喜欢通过色彩、图片，特别是其中的细节去感受和理解故事。比如当孩子看到绘本里小兔子和小猫在打架，他本能地会觉得小兔子跟小猫之间经历了什么不愉快，继而去想怎么才能帮助它们解决这个不愉快。当我们讲这些隐喻故事时，孩子刺激的脑区跟我们在社交时刺激的脑区非常相近，这可以促进孩子共情能力的发展。所以，有时候用绘本故事和孩子交流某些问题往往会事半功倍。

绘本里是别人的故事，与自身经历的事不同，这其中有什么联系吗？这就是我们讲到的共情，即使我和你独立存在，但是我们之间又是彼此连接的。

要培养孩子的同理心，我们首先应更多地认同孩子的感受，其次接纳孩子的自私、自我中心，然后慢慢地鼓励他们去理解别人的感受，同时在这个过程中借助合理的工具与方式跟孩子一同提升共情能力，之后你会发现孩子真的能给你带来惊喜。

记得我第一次去孩子的幼儿园时，一群两三岁的小朋友帮我倒水、搬椅子，我咳嗽的时候给我拍背。还有一次家长开放日，我在幼儿园看到女儿给一个小朋友拍背，我问女儿："怎么了？"她说："小朋友有点儿咳嗽了，我得给她拍一拍。"我们很容易发现，小朋友之间是能够关注到别人的感受和需要的，他们具有相互帮助的同理心，我们要做的就是适时地鼓励孩子的这份善意。

"请别打扰我！" 专注的孩子更强大

很多父母都希望孩子能够有良好的专注力，因为专注力是与学习能力高度相关的学习品质。即便我们常讲快乐教育、不焦虑，但是真正到了实际教育中，还是希望孩子能够在学习及整个成长过程中有更好的表现。

当带孩子去早教机构，老师们告诉你"孩子注意力不集中"时，你会怎么想？当看到有关注意力不集中的各种广告时，你会怎么想？不难发现，很多父母都极度关注这件事，甚至期待孩子能像大人一样持久专注地学习。其实，孩子的注意力发展是有规律可循的。如何让孩子变得更加专注，核心在于"请别打扰我"。

一项科学研究发现：一个正常的孩子，每年只会增长 2 ~ 5 分钟的专注时间。比如 2 岁的孩子，他只能专注 4 ~ 10 分钟；3 岁的孩子则能专注 6 ~ 15 分钟；即便孩子已经到了学龄期，该上小学了，其专注时长最久也只能达到 30 分钟左右。因此很多人认同孩子 7 岁左右入学是一个比较合理的年龄，这时他注意力的深度和广度已经能够使他在 30 ~ 45 分钟的时间内相对稳定地专注于一件事情上。

所以，在某种程度上，要求孩子能像成人一样持久地专注学习是一种苛求。更何况，成人的专注力也未必有多高。身处电子科技时代的我们，可能坐不了 1 个小时就需要动一动，刷一下手机。身边有诱惑的时候，专注时间会更短。试想一下，我们的手机多久响起一次，我们工作时大概多久开一次小差。从这个角度看，专注力有时候是一个伪命题。不过，我们还是可以通过一些方法，尽可能地培养孩子的专注力。

🌑 延迟满足，训练孩子的专注力

很多人都听过棉花糖实验。实验中，如果小朋友能几分钟以后再吃眼前的棉花糖，他就可以多得到一块。但实际上，很多小朋友忍不住，尤其是 3 岁以内的小朋友，完全没有这个专注力或者耐力，一般都会很快把它吃掉。有的小朋友则一直闭上眼睛，忍住不看棉花糖，逼自己等到规定的时间，再把两块棉花糖都吃了。还有的小朋友非常淡定，一直忍着，既不捂眼睛也不逃避，一直等到规定的时间。事实证明，那些能够忍到最后的小朋友，长大以后的表现确实会更好。

通过该实验，很多人认为孩子延迟满足的能力和以后的成就直接挂钩。事实上，科学实验只能反映一部分真实情况，社会现状永远比实验更复杂，变量更多。而且错误理解延迟满足可能会给孩子造成某些伤害，父母需要根据实际情况正确运用"延迟满足"，才能真正起到提升孩子专注力的作用。

专注力的前提是内驱力

专注力不仅和后天的培养训练相关，也和先天的性格相关。性格外向活泼的孩子专注力可能相对低一些，需要不断地有新鲜事物的刺激，才能够使自己得到满足，然后安定下来。而安静的孩子可能更容易安定下来，但是有时候我们很难看出来他们在想什么，会出现我们说的"溜号"现象，他们的专注力也需要引导。

针对这两种性格的孩子，培养专注力的方式也不同。了解孩子的性格，能帮助我们更好地和他们建立联系，因材施教。

另外，专注力和内驱力也是紧密相关的，拥有专注力的前提就是存在内驱力。如果我们留心观察孩子感兴趣的事物，就能发现孩子在那些事物上所表现出的专注和平日是多么不一样。平日里我让女儿去画画，她画一会儿就跑了。但是，有一天我发现她玩拼图游戏，居然一直坐了 75 分钟，那时她才 3 岁。

其实这很好理解，我们成人也是这样的，我们都有自己非常喜欢学习、喜欢做、喜欢分享的东西，在这些事情上我们能坚持几个小时，但如果让我们去做自己不喜欢或不擅长的事情，可能不到 5 分钟就会找机会逃离。对孩子来说，更是如此。他们对某些事情特别感兴趣，停留在上面的时间自然会更长。所以，如果我们全然不顾孩子自身的兴趣来培养他们的专注力、内驱力，那么是不会有效果的。可以说，兴趣在某种程度上直接决定了我们专注的时间、质量与深度。

● 别打扰他，帮助孩子进入心流体验

心流被认为是一种极致的体验，当你进入一个高投入、高成就的状态时，你的注意力会高度集中，全然地投入其中。当你全然投入时，你便会获得更多的成就感，这种积极的成就感又会

给你更多的反馈，让你再次投入。这就是为什么我们经常看到一些艺术家、作家能够废寝忘食地工作和学习。

如果你想真正进入高专注力甚至是心流的状态，就必须去做一些对自己有挑战的事。而且这个挑战不能太难，不至于把你吓跑，这样它才能带给你愉悦的体验、积极的反馈和越来越多的成就感。

很多人认为心流是吸引力法则的一个演变，学界也有些人轻视吸引力法则，觉得它虚无缥缈。但是近二三十年以来，积极心理学表明，当我们真正想做一件事的时候，不管是从自我实现的角度，还是从投入产出的角度，我们真的能通过这种投入和喜好给自己带来更多的积极反馈。

心流法则也适用于孩子。如果我们能让孩子享受学习，而非忍受学习，就能慢慢引导他们追求从学习中获得的愉悦体验。那么如何帮助他们获得这种体验呢？提供一份他们自身感兴趣且有能力完成的工作，设定明确的目标，引导孩子全神贯注于这项任务，并给予他们即时反馈，必要时给予适当的支持，使他们深入而毫不牵强地投入行动之中。这种充满乐趣的体验会使人觉得能自由控制自己的行动，因而也能更专注。

因此，尽量不要打扰孩子。当他们在做一件很感兴趣的事，比如拼图拼得正高兴时，家长一会儿让他喝水，一会儿叫他吃水果，一会儿又说别玩了，该睡觉了。这其实就是在打扰孩子专注地做事，必然会阻碍其专注力的培养。

想培养孩子的专注力，秘诀无非就是这几个：

1. 仔细观察，发现孩子喜欢的事。

2. 当孩子专心做事时，不要打扰他。

3. 当孩子获得成绩时，随时准备好给他积极的反馈，并鼓励他再次尝试。

孩子的专注力并不是独立存在的，它建立在孩子较强的内驱力、挑战性的任务、积极的成就、及时的反馈等综合因素上，这几个因素相互作用，缺一不可，最终推动孩子展现出一个注意力高度集中的状态。

落实到实践中，我们还可以做一些具体的事帮助孩子建立和提升专注力。比如，每天记录并且夸奖孩子的三个优点。生活中很多父母习惯性地不尊重孩子，常在自家孩子面前夸奖别人的孩子好，认为这样敲边鼓，可以使他变得更好。但其实未必，这样反而可能会影响孩子的自我评价。当我们试着去发现孩子的闪光点，不盯着他的缺点看时，我们和孩子之间的情感流动会更加顺畅。

另外，父母也可以去发现孩子感兴趣的三件事，毕竟人生除了作业还有很多有意义的事情。孩子可能对画画、唱歌、看书或其他各种各样我们平常没有留意到的事物感兴趣，当我们尽可能多地让孩子去尝试，就会发现他注意力最好、专注力最强的那些事情。

"我有办法！"
从制造麻烦到解决问题

当孩子出现社交冲突怎么办？我们可以相信他们能独立解决吗？还是立刻冲到现场充当孩子们的"消防员"，发挥成人的智慧化干戈为玉帛，让孩子们握握手继续友好玩耍？其实我更相信孩子自己有办法，有能力巧妙地解决当前的问题。作为父母，都应该相信他们不是麻烦的制造者，而是问题的终结者。

孩子们今天在幼儿园里面抢玩具，明天在小区楼下都盯着同一条蚯蚓玩，他们在社交生活中常会遇到各种容易让他们大打出手的情况。在人类资源有限的状态下，一定程度的争夺情况是必然存在的。

我们跟孩子互动时都希望孩子能够主动说"我有办法"或者"我希望怎么做"，期待他们不管遇到什么事情都能找到办法。可孩子的方法从哪儿来呢？

我们可以通过亲子阅读，给孩子讲故事，甚至把故事变成游戏，或者通过跟孩子之间角色扮演的方式让孩子看到问题，引导他们思考解决的方法，且不断探索更好的方法。我们的大脑具有可塑性，每时每刻都在发生变化。大家看到的自己并不只是今天的自己，而是今天和之前所有的自己的一个合集，孩子亦然。在这个过程中，孩子能够将每一天所学到的故事、案例迁移到生活中的一些实际情境中，甚至通过观察父母解决问题的方式，不自觉地模仿他们，把这些方法变成自己的。

● 开放式问题，激发孩子思考与解决问题的能力

父母应该给孩子更多的空间让他们自己思考和解决问题，一个很好的方式就是向他们提开放式问题，直接给孩子答案不如给他们一些选择。随着一些幼儿园恶性事件的曝光，很多父母开始担心："我怎么知道孩子在幼儿园生活的情况是怎样的？""我怎么知道孩子有没有能力去面对生活中的一些事呢？"其实很容

易，不妨问他们一些开放性的问题。比如："你今天在幼儿园玩
了哪些游戏？"这个时候孩子不只是回答"是"或"否"就结束
对话了，他可能会滔滔不绝地跟你分享自己今天玩了哪些游戏、
玩具，是跷跷板、滑滑梯、布娃娃，还是角色扮演游戏……然
后你可以再问他："你今天跟小朋友之间有什么愉快或好玩的事
情吗？"他可能会告诉你自己跟谁玩了什么，遇到了什么问题。
当你问他是怎么解决的时候，你会发现孩子的思维很活跃，有很
多的方法跳出来，他可能跟你讲那些他从故事中、从日常生活的
积累中，或从父母那里获得的各种法子。

有时候解决问题的方式和能力会代际传承。有些父母习惯
于非黑即白地解决问题，必须是那样，不然就行不通。这样的
家庭培养出的孩子也容易有刻板行为，他只能接受一种情况。
如果父母比较开明，思维比较活跃，孩子在面对问题时也可能会
有自己的想法。

● 父母不当"消防员"，孩子自己有能力解决

父母不要固执地认为孩子遇到的所有的问题都需要我们提供
答案，更多的时候孩子有自己的思路、经验和判断。我们所要
做的只是用问题来引导他，往往他自己就可以给我们一套很好的

解决方案，把这个问题由问号变成感叹号。孩子天生就是哲学家，他能够看通世界的因果，再加上后天的学习，他自然可以了解很多事情的真相。

即便在社交中，孩子会遇到很多实际的问题和冲突，但他是有资源、有能力自己协调好的。特别典型的是多子女家庭的手足冲突，每次父母发现争端的时候，往往孩子们已经处于"战争升级"状态，如果父母总是充当救火员，孩子永远只会告状："妈妈，弟弟又欺负我了。""妈妈，哥哥又抢我玩具。"……但是如果你往后退一步，跟孩子说："妈妈今天比较忙，你们两个自己解决这个问题吧。"接下来你就会发现孩子之间有一套自己的社交体系，他们知道怎么解决问题。孩子之间的矛盾和拉扯，他们自己最清楚，而父母则容易越管越乱，越说理孩子越委屈，总会有一方觉得父母偏心。

如果父母总当"消防员"，不给孩子解决问题的机会，那么父母一定会有处理不完的问题，孩子只能变成麻烦的制造者，解决问题的能力也得不到培养。相反，当父母在保障孩子安全的前提下，尽可能地退到幕后，让孩子自己来解决他们的问题时，一定会发现孩子能给我们很多意想不到的想法，让我们惊叹他们是怎样把问号变成叹号的。

"我们分享吧!"
帮孩子建立物权意识

对孩子来说，玩具的重要性是不言而喻的，然而在实际生活中，我们却看到很多父母在孩子分享玩具这件事上很少关注过孩子内心的想法。他们会抱怨自己的孩子不爱分享，因而常列举出各种各样的理由让孩子去分享，甚至强迫孩子分享，似乎他不分享就等同于：

没礼貌

没教养

自私

小气

抠门儿

情商低

没有哥哥姐姐样儿

......

因为一个玩具，就给孩子贴上各种标签，这对孩子来说是不公平的，也会给他们带来或多或少的伤害。

不同年龄段孩子的物权意识

其实，7岁以内的孩子都是自我中心的，凡事优先考虑自己是孩子的第一本能。孩子的成长过程就是去自我中心化的过程，抱怨孩子不懂分享，与抱怨人类不能一生下来就会说话和走路没什么区别。

总的来说，0～7岁的孩子的物权意识大概会经历这样几个
阶段：

0～1岁：我不知道玩具是谁的，你们都可以玩！

这个阶段的孩子对于玩具的归属一般都不太在意，
在满足基本生理需求之后，只要有得玩、有得乐就欣然
接受。这个阶段，父母的回应、关爱和陪伴是为孩子
建立社交信任感的关键因素。

1～2岁：看到的就是我的！你的也是我的！

这个阶段的孩子就是"好奇宝宝"，看到什么都要
拿来摸一摸、玩一玩，根本不管是谁的东西，所到之处
全是他的"主权范围"，显得很霸道。如果父母强行要
求分享，反而容易强化孩子的占有欲。

2～3岁：谁也不许碰我的东西！

这个阶段的孩子有了更多的自主空间，伴随着第
一叛逆期的"独立宣言"，他们对于自己的东西有较强

的保护欲："我的，我的，谁也不许碰！"面对"小霸王"，父母理解孩子的发展阶段，尊重孩子的选择非常重要。

3～4岁：这是我的，可以借给你玩。

随着上幼儿园以后社交范围慢慢扩大，他们逐渐在冲突中学会了合作。在尝到了分享带来的成就感和满足感之后，他们也很乐于用排队、轮流、共享等规则进行交往。父母只需要适度引导，做好社交示范，孩子就可以很好地模仿成年人之间的合作与交流方式。

4～5岁：玩具是大家的！

集体生活让孩子更加清楚物权和界限，当然孩子会希望自己拥有更多的玩具，甚至会反复确认这个东西是不是自己的。在多子女家庭中，这个阶段的争宠冲突现象会比较明显。在这个阶段，父母需要帮助孩子建立规则，让孩子自然过渡。

5～6岁：你需要吗？给你吧！

这个阶段的孩子更愿意帮扶弱小，也很享受社交中的认可和赞同。孩子的道德意识慢慢清晰，父母可以培养孩子的公德心，帮助孩子将分享的范围扩大到家庭、同伴、社区甚至更广阔的范围。在这个阶段进行公益教育和感恩意识培养，会取得很好的效果。

怎么引导孩子分享？

3 岁以下不要强迫分享

3 岁以内的孩子大都没什么物权意识，连玩具是谁的都不明白，如何分享给别人呢？

如果家长在这时进行分享教育，会极大地干扰孩子自主意识、存在意识与本能意识的发展，给孩子的成长留下极大的隐患。

在孩子眼里，心爱的玩具不亚于珍贵的财产。强迫孩子送出玩具，与要求成人把自己的房子送人没什么分别。换个身份与角度，我们就能理解孩子的"自私"。

怎么引导孩子分享？

在社交中，很多家长都习惯性地要求大孩子让着小孩子，表面上看，强迫孩子分享和礼让能帮助孩子解决争端，但其实这是对孩子的一种压迫。牺牲任何一个孩子的自我，去换得另一个孩子的心理平衡都是在埋下下一次冲突的炸弹。如果因为某个孩子哭闹就以"你看他都哭了，不就是一个玩具吗？给他吧"这样的理由裁决争端，孩子就会慢慢学会用哭闹、耍赖等方式更多地争取家长、老师的介入。

家长要做的是通过交换、轮流、排队或者明确物权的方法帮孩子建立基本的社交规则，鼓励孩子与同伴之间的相互合作。

要想学会分享，前提是明确物权。哪些是我的，哪些是你的，哪些是公共的，都需要厘清边界。比如我女儿看到弟弟抢了她的玩具，打算强抢回来的时候，我会学着小宝宝的声音说："姐姐，你的玩具好好玩啊，我可以借来玩一会儿吗？"女儿瞬间就会收回伸出来的手，并且说："好啊，你玩吧，一会儿还给我。"

　　其实，孩子和大人一样，从来不会去争夺原本就属于自己的东西。争夺，有时是源于害怕失去的恐惧。有限的资源和空间会让孩子们容易争抢，试着扩大孩子的成长空间、丰富他们可享有的资源，也是解决或避免争抢不错的尝试。

"谢谢你！"
感恩的孩子人见人爱

在成长过程中，父母会对孩子的社交有非常多的期待。比如我们希望孩子能够对我们说"爸爸妈妈，谢谢你们"，希望孩子能够被别人点赞，能够乐于分享……但是又往往事与愿违。

在这个过程中，父母经常会跟孩子陷入拉锯战的状态。当孩子不能达到自己的期待或不按自己的要求去做时，父母往往会用道德绑架孩子"我是为你好""这么做都是为了你"，甚至有些家庭关系出现裂痕的父母会说"要不是因为你，我早就离婚了""要不是因为你，我早就过上了幸福的生活"。他们企图用道德绑架、情感绑架来获得孩子的回馈或感恩。但结果往往是孩子不领情，甚至招致更多的责备、埋怨和不理解。

要培养懂得感恩的孩子，其实可以用更积极的方式。

使用感恩三原则，用生命感染生命

恩典原则

亲子之间的关系是双向的，不论是我们和孩子的互动还是我们单方面对孩子的投入，其实都是双向的。我们养育孩子并不是因为"不得不"，而是我们发自内心地想要去见证一个孩子的成长，或者是在人生的这个阶段，父母决定去担负起抚养一个孩子的责任。绝不是被动地认为我有了孩子，生命就不再有别的价值和意义了，或我只有父母这个角色，没有自己了。如果我们这样想，估计没有一个孩子愿意选择做我们的孩子。

什么是恩典？恩典就是你并非必须要有的，我依然给你。这就是感恩教育中的秘密，只有当我们将无条件的爱给予孩子，不求任何回报，并且在孩子失败的时候依然爱他，这才是恩典。父母可以常问问自己："我在和孩子的关系当中，种下的是恩典，还是只是一份责任？"给予孩子恩典是感恩教育的一个重要的前提；相反，如果我们对孩子的每一份付出都是为了日后能够有回报，这就会让彼此在亲情中相互被绑架。

我有 3 个孩子，但我依然可以参加工作。我的工作和孩子如此相关，孩子也在成就着我。所以，我们需要跟孩子之间有这样一个共识：我并不是完全为了孩子而生存，也不是完全为了父母角色而生存。我们很相爱，关系很亲密，虽然孩子似乎依赖父母更多，父母似乎需要更多地在时间和精力上倾斜，但是我们彼此成就，都有感恩彼此的充分的理由。

榜样原则

由独生子女成长为父母的这一代，很多人会觉得对孩子好是应该的，然而却忽略了对自己父母的爱。甚至很多时候，老人帮忙照顾孩子，还被我们各种抱怨。孩子的模仿能力很强，如果我们自己在感恩父母或他人方面存在疏忽，我们的行为就很容易被孩子复制。

我家里有个很好的习惯：谁把食物分给我吃的时候，我都会说"谢谢"。于是小朋友之间也学着这样做，姐姐会把食物分给弟弟，每次拿东西的时候会拿三份来分享，弟弟也会谢谢姐姐。

父母通过这样的示范，让孩子认识到原来说"谢谢"是一件很自然的事，他人为自己做的任何事都不是理所应当的。在这点上，我们需要借由榜样的作用让孩子明确边界尺度，使他们也同样发自内心地感谢他人把时间和资源花到自己身上。

在示范过程中，父母与孩子之间的互动是一种情感的双向流动，如果你不把周围的一切当作理所应当，而是心存感恩去领受和对待，孩子自然能感受到，也能学会在互动中感恩。

守候原则

父母养儿育女，就好比种一株树或养一只小动物，是要等着它自己慢慢成长的，而不是要求孩子在成长的每个阶段都一定要回馈给我们什么。所以，不论亲子关系如何亲密，其关系的本质都是对话和合作。

父母秉承恩典、榜样、守候这三大原则，亲子之间就能达成彼此成就的关系，一起推动双方发展，实现共同成长。

感恩教育，不必刻意

真正的感恩在生活的点滴之中，不是表演，不是作秀。

我曾经了解过一个幼儿园的做法，老师们对小朋友的感恩教育就让人欣喜。每到父亲节、母亲节，他们会给班里的小朋友录一段小视频，剪辑在一起，视频内容包括小朋友什么时候最爱爸爸、什么时候最爱妈妈、希望爸爸妈妈能够怎样，以及生活场景中真实暖心的对话。很多亲子活动中也有这种设计，到了父母生日的时候，孩子就会用稚嫩的小手 DIY 感恩卡片。

这些才是把工夫花在平日的生活里，通过一个个小举动表达孩子对父母的感恩之情。而不是刻意地说："你父母生你不容易，相当于肚子背十斤的沙袋呢！"这样的刻意提示不能让孩子觉得多感恩，更多感受到的可能是奇怪，是要求，是被绑架，反而会威胁单纯的亲子关系。

在一些亲子关系失衡的家庭中，孩子跟某一方家长过度亲密时，这种感恩也会变成亲子关系的毒药。不论是爸爸还是妈妈，如果跟孩子有严重共生的关系，彼此的控制肯定会很多，甚至到孩子成年以后有了自己的家庭时仍会延续。父母会认为"我的孩子就是我的一切"，孩子会认为"我的妈妈就是我的一切"。通常男孩跟妈妈之间的感情会更加亲密，"巨婴男""妈宝男"就是这么诞生的。最好的关系应该是双亲和孩子之间的关系呈一个三角形，随时有亲密和流动，有依恋也有空间，既能相爱又能彼此独立，可以感恩也可以拒绝，这样的关系是比较稳定的。

第三章

培养独特气质，
让孩子成为
受欢迎的人

"跟我来！"
孩子都是天生的领袖

在成人眼中，孩子总是弱小的、单纯的，是需要保护和引导的对象，他们没办法主导或决定什么。其实，孩子天生就是领袖，不需要刻意去教，我们也能发现他们在社交中的领袖气质。

前段时间幼儿园老师给我打了一个电话，说："晴天，你们家的孩子很有意思，每次她要调皮捣蛋，一定会带上班里几个比较老实的孩子。当我批评她的时候，她就会说×××也做这件事了，你也要批评他们。"这件事给老师很大的启发：小朋友们虽然年龄小，但他们也可以自发形成小团体，有团体就会有组织结构，也会有领导者与被领导者。

领导力跟出生顺序有一定关系

一般来说，家里的长子或长女更容易成为领袖，如果老大与老二性别不同，他们也可能会逐渐成为另一个性别群体的领袖。心理学上证实，这是出生顺序带来的关注和养育规律，也是孩子的特点和后天环境的相互作用。

我女儿是家里的老大，她有两个弟弟，她会出于社交或者小团体稳定的考虑，时不时地充当类似法官的角色，常常跟两个弟弟说"这个是……的东西，那个是……的东西，你需要的话要向他借，不然就不对""你再这样的话，姐姐就不跟你做好朋友了"。她有很多处理问题的方法，都特别像我和他们的奶奶姥姥对他们的方式，并且不是简单的模仿，而是学习后进行了调整，变成自己的处事方式。她会用各种各样成年人看起来很有效的社交和领导手段来协调她跟弟弟们之间的关系，所以当她进入幼儿园这个大集体时，就把这套有效的领导手段和才能迁移到了那里。

"6A"力量，帮助孩子搭建领导力的根基

帮助孩子培养领导力，我们可以使用"6A"原则，即接纳（acceptance）、赞赏（appreciation）、关爱（affection）、时间

（availability）、责任（accountability）和权威（authority）。

接纳和赞赏

接纳，就是无论你的行为如何，无论你犯了多大错误，有多么失败，我永远接受你，因为我爱你，这不随你的外表或行为表现而改变。我按你原本的样子接纳你，而不是试图去改变你，让你成为我想看到的样子。对孩子来说，他所需要的接纳是父母情感上的无条件接纳，事实上，父母对儿女行为上的引导与情感上的接纳并不冲突。

赞赏，即我能看到你身上的闪光点，并且不吝言辞地赞美你，虽然你也会有缺点，但这不能抵消你存在的亮点。赞赏能使孩子感受到自我价值的存在，帮助他们建立自信。

我女儿作为家里的姐姐，弟弟们对她崇拜、接纳又欣赏，认为她智力比自己更高，又很有能力。同样，在幼儿园这个小团体里面，大家也总是接纳她、赞赏她。这些力量的滋养使女儿生出一定的领导力，且在互动实践中不断得到强化。她也会习惯性地告诉别人："我是姐姐，我先来！"

关爱和时间

关爱是每个孩子成长所必需的心理营养。没有关爱，孩子的生命就会枯萎。不论在哪个年龄段，孩子都需要关爱，父母应当按孩子喜欢的方式以言语或行动积极主动地向孩子表达爱。

关爱不是把自己认为最好的给孩子，而是以孩子的需要和喜好来成全他们。特别是多花时间陪伴，你花时间在什么事上，就说明你在乎它，你花越多的时间在什么事上，就越说明你看重的是什么。花时间陪孩子，会让他们感受到被在意、被看重。

我女儿会在手足和幼儿园的小团体里投入很多时间，她会主动跟很多人建立连接，尽可能跟每个人交往。

责任和权威

真正爱孩子，不是替他们负责，而是让他们学会自己负责。父母必须言传身教，在每件事情上尽本分、负责任，同时也给孩子空间，鼓励他们做自己分内的事，潜移默化地培养孩子的自控力和正确的判断力。父母作为家里的权威，不能控制、操控孩子，而是使孩子明白规则，尊重权威，同时又给他们相当的自由让他们自己做选择。爱的权威能培养孩子的自主能力。

女儿在幼儿园与人交往的过程中，也承担了非常大的责任，包括主动发起游戏、调节伙伴间的关系、提供建议、积极讨论等。这使她在社交中获得一定的发言权，在同龄人中代表一种权威。

权威
Authority

爱与管教的
最佳平衡点

责任
Accountability

培养孩子的自控力，
判断力与责任心

时间
Availability

付出时间，用
爱影响孩子

关爱
Affection

使用爱的语言，给
孩子心灵的维生素

赞赏
Appreciation

建立起孩子健
康的自我形象

接纳
Acceptance

建立起孩子的安
全感和归属感

权威
责任
时间
关爱
赞赏
接纳

责任和权威是
对孩子的管教
和约束，给孩
子设立界限，
帮助孩子成为
自制、负责、
自主的人。

接纳、赞赏、
关爱和时间可
以建立和孩子
的亲密关系

父母也可以对照自身来反观，在我们成人的社交团体或工作团体中，优秀且受欢迎的领袖一定接纳与赞赏团队，对他们关爱，为他们付出时间，并且承担责任，在关系中使用权威，不断地通过"6A"力量来搭建其领导力。

两种思维，培养领导力

批判思维

在培养孩子的批判性思维方面，一个特别好的方法是允许孩子质疑"标准答案"。比如爸爸妈妈说："你今天必须穿粉色的衣服。"可能孩子会说："不！我今天就要穿绿色的衣服。"如果这个时候父母继续坚持说："我让你穿粉色的，你就得穿粉色的。"这时父母承担的是领导角色。孩子可能害怕被打，或者生怕被父母说不喜欢自己，就会屈从于父母的权威。

但如果父母说："绿色也挺好看，穿绿色的也可以，你自己选吧。"这个时候孩子就会尝到自己做选择和决定带来的好处。她就不会一味地被动接受成人的意见，甚至能批判性地看待成人所说的。她会有自己的想法，在自己的事情上有主见，以后也能将这个能力与倾向迁移到其他情境中。

平常我也会跟孩子做一些角色扮演游戏，让孩子扮演老师、家长或其他权威，或者让孩子体验不同的角色，这也给孩子制造了机会跟父母说"不"。

有一次，我跟女儿谈起看到的一个新闻：有一对大学生在郊外吵架，有很多人围观，还引来了一个森林管理员。我讲到了一半，还没来得及讲结尾，女儿就问："他俩为什么吵架？他俩怎么可以在公共场合吵架？他俩需要在教室里面'默默地吵架'。"

这个时候孩子给出了不同的答案，如果父母此时的态度是：小孩一边去，大人的新闻你不要管。那孩子就没有机会继续思考或给出一套自己的想法。但是如果我说："那他们到教室里去吵给谁听呢？""他们到教室里怎么能够统一意见呢？"孩子就会想：他们两个可以轮流说，可以排队，也可以猜拳或者抓阄。你会发现当你给孩子更多的思考空间时，他就会有更多的想法，当他把这种模式迁移到一个团队里，这有助于形成他的领袖气质。

逆向思维

除了批判思维，培养领导力还需要有一个很重要的思维——逆向思维。我们不仅要鼓励孩子去质疑标准答案，还要允许孩子提出完全不同的答案。比如孩子的安全教育，我们常说成人要呵护孩子周全，但其实孩子也可以保护大人！

每个孩子都有一个这样的阶段，天然地想要挑战父母的权威。过马路时如果我说："孩子们不许跑！"他们可能会立马跑过去，但如果我说："宝贝，妈妈今天穿的鞋实在是太高了，过马路可能会崴脚，要不你扶着我过吧。"孩子会说："好啊，妈妈我扶着你。"还会贴心地说："妈妈你左看一下、右看一下，我拉着你过。"这时你会发现孩子已经可以开始保护你了。

我们同样可以通过角色扮演游戏来培养孩子的逆向思维，在这个过程中，孩子会通过保护爸爸妈妈或其他角色的行为，衍生出一套逆向思维模式。

很多时候，父母总在不停地讨论在危险面前如何保护孩子，实际上，孩子并不需要我们过度圈养，相反，他们能用自己的思维方式和能力生发保护大人的想法。

培养孩子的领导力和培养他们的责任心是异曲同工的，都需要父母给孩子留一些空间。我们要学会抛出问题让孩子有机会思考，有机会给我们各种不同的答案，这样孩子才能发展出更多的思维能力和领导力，才能更好地掌控一段关系。

"还可以这样做！" 跳出惯性思维

　　做父母的都希望孩子有创造力，有发散性思维能力，也希望孩子在问题面前能跟自己说"爸爸妈妈，我还有这样的方法""我还有其他思路"。其实，孩子天生就具有发散性思维能力，孩子是天生的创造者。

顺从天性，玩出思维能力

　　有一个非常有名的思维理论叫作布鲁姆思维发展金字塔，该理论认为，人的思维发展有六种形态，分别是记忆、理解、应用、分析、评价、创造，这六种形态通常是层层上升的，从低级到高级一步步发展。但儿童的思维发展却并非如此，在孩子平常玩的想象游戏、角色扮演、假装游戏中，表现尤其明显。比如当我们看到孩子玩过家家，他把一块积木当作手机打电话时，我们可以认为孩子已经直接从记忆这一层跳到顶层去实现创造了，它不是一步步发展的，而是直接实现思维的整个升级，这一点是成人无法达到的。所以，我们要面对的一个事实是孩子本身就具有创造力，我们要做的是如何去保护孩子的创造力，让它充分地发挥和展现。

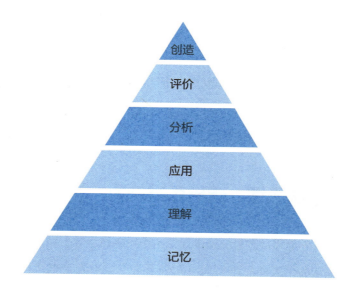

既然我们不可能给孩子创造力，他们天生自带创造力，且能随着他们爱玩的天性彰显出来，那么我们就认同这一思路：会玩的孩子更聪明。

拓展建构理论认为，人就是通过不停地拓展建构，形成自己的思维、创造、解决问题以及社交等能力的。这个理论越来越得到人们的认同。大人和孩子根本的不同在于孩子是通过玩耍来拓展建构，而大人是用工作来构建成长。

孩子天性就喜欢玩，所以他们玩多久都不觉得累。当他们以一种欢乐的方式去互动、玩耍时，他们能学到很多知识，但是如果换另外一种很枯燥的方式，比如填鸭式的记忆或背诵，他们几分钟就会觉得很疲惫。会玩的孩子不仅更聪明，他们在思维能力、创造能力等方面的发展也会给我们带来惊喜。

● 父母是孩子的天花板还是起跑线？

我在《玩法养育》一书里曾提到了玩的八种方法，通过一个间接的方式可以让我们看到孩子是怎样通过玩耍，在音乐、艺术、运动、阅读和科学等各大领域里获得发展的。作为父母，我们应当如何助推孩子成长呢？

曾看过一档电视节目，里面大家都问到了关于父母是孩子的天花板还是起跑线的问题。你是否给孩子报课外班？你是否带孩子出过国？你是否允许孩子去实现他自己的梦想……父母既是孩子的起跑线，在家庭中为他们营造培养良好素质、习惯、广阔视野的氛围；也是孩子的天花板，父母的水平、视野，在一定程度上限定了孩子的发展空间。所以孩子发展的关键是父母能否允许孩子在自身的基础上敢于探索实践不同的想法。我们不能限制孩子只在父母的思想瓶颈之下发展，也不可能永远为孩子做顶层设计，明智的做法是做他们的脚手架——面对孩子喜欢做的事情，我们可以鼓励他，支持他，帮助他，为他创造条件，但绝不是替他做。

我曾见过一个很极端的家长，他把孩子从小学到初中所要学的每一门功课都先自己学一遍，然后辅导孩子。但孩子到高中的时候，她想学却学不会了。所以孩子在高中以前成绩一直都非常好，但到高中的时候，失去了妈妈这个强有力的"拐棍"，成绩一下子跌落低谷。作为父母，我们是要陪伴孩子成长，而不是代替孩子成长。孩子自身具有创造的能力，我们不需要替他去创造，而是鼓励他去创造就好了。

我们这么玩，帮助孩子增强思维能力

既然玩可以提升孩子的思维能力，父母只是孩子的脚手架，那么我们应当怎么支持孩子玩呢？

我们可以尝试和孩子做一个简单的互动：给他一张白纸，然后问他这张白纸能怎么玩？他们会给你很多答案。拿我女儿来说，她会回答："我们可以用来玩藏猫猫，还可以用来画画，用来折纸、剪纸，或做手工，我们也可以用手在上面印创意画，可以把它点燃了观察火焰和灰烬，可以撕碎了当雪花……"整个发散思考讨论的过程中，小朋友想出越多的方案，创造性思维能力就越强。

如果我们能再提供有限的资源或玩法，让孩子尝试做更多的组合，会更有利于他们创造能力的发挥。很多父母会习惯性地给孩子买非常多的玩具，其实玩具并非越多越好，越基础的玩具对孩子来说越有助于引发其创造力。比如，简单的积木、基础版的乐高，这一类玩具可以使孩子在玩耍过程中不断地对有限的资源进行组合，激发他们去思考和创造。相反，如果给孩子的都是现成的玩具，孩子没有自由发挥的空间，玩着玩着就会腻，总想获得更多新玩具，刺激过多反而成了依赖。有时候多不如少，少不如精，开动智慧，平凡的素材也可以玩出大乐趣。

　　前段时间我家里有一堆废弃的东西，在扔掉前我把它们改造了一下，发明了一个很有趣的游戏——动物园游戏。当我说"孩子们，现在我们四个人去逛动物园"，然后我们就假装是在逛动物园，把一堆玩偶围到周围，并按照爬行动物、两栖动物、家禽给它们进行分类。在这种排列组合的过程中，孩子们把原有的玩具玩出了新花样，让原本要扔掉的东西发挥了奇妙的作用。

　　在如何玩耍方面，父母要多给孩子一些自由，少一些限制。孩子洗澡的时候把水溅得到处都是，在我们家是允许的；孩子喜欢乱涂乱画，我们就让孩子拥有一面涂鸦墙，设定一个我们都能接受的底线，孩子既能在上面自由地创作，我们也不会因为墙面被弄脏而受困扰。

　　科学研究表明，3 岁以内的孩子可能一天要哭 1 ~ 2 个小时。为了避免他们哭得失控，我想出了一个好玩的游戏：每天晚饭后我会留出十分钟，允许他们在这段时间内大声说话甚至是发出奇怪的声音，多奇怪的声音都可以。小朋友一开始会很兴奋，不停地叽里呱啦，然后不到两分钟就"没电了"。这个游戏叫作"尖叫时刻"，即通过一种积极愉快的方式让他们的情绪得到释放，而不是一直压抑着，甚至因为必须"安静"而与父母形成对抗，导致更多的不良情绪。父母也可以为孩子设计类似的"混乱时间"游戏。

还有一种叫作"破坏时刻"的游戏，即允许孩子们拿一团面粉不停地玩面团或者是拿枕头玩打地鼠游戏。但是注意，在结束游戏之后，小朋友要一起把玩具收起来。这个过程不仅可以让孩子的想象力、创造力得到发挥，还可以帮助孩子学会承担责任。

回顾一下前面提到的布鲁姆思维发展金字塔，作为成年人，我们更多的是通过记忆、理解、应用、分析、评估，最终实现创造。但对于孩子来说，他们可以直接去创造很多东西。所以当你看到孩子在搞破坏的时候，除非出现安全问题，否则不要立刻发怒或制止，最好可以停下手头的事，询问他："你是想要玩游戏吗？"作为父母，我们最大的功能不只在于陪孩子玩，更要跟孩子一起玩或允许孩子自由地玩，在玩中使他们的思维能力得到发展和发挥。

"我不怕！"
不怕失败的孩子才会赢

大多父母都认为只有输得起的孩子才会赢，也希望自己的孩子遇到挫折时能和爸爸妈妈说"我不怕""我可以"，但是很多时候，父母却发现孩子往往输不起。

当孩子一直得第一时，一旦得了第二，就会很不高兴；甚至连父母夸了别人家的孩子，没有夸自己，或者稍微遇到一些挫败，孩子也会不开心。如果一直这样，恐怕很难坦然面对人生路上的风风雨雨。那么怎样培养一个输得起的孩子呢？

四个好方法，让孩子输得起

给孩子足够的社会支持

如果孩子不管做什么事情，身边都有朋友、老师、父母的支持和鼓励，那么他在遇到挫折时，就会觉得"失败只是一时的，我还是被人喜欢的"。一般来说，孩子对自己的社会评价够高、够稳定，就不会因某次的挫折而否定自己，甚至一蹶不振。被支持、被爱是孩子强韧的心理根基。

让孩子有掌控感

在逆境面前，很多孩子会崩溃大哭、手足无措或盲目求助，这都源于他们的掌控感不够强。孩子哭是在说："我不行，我做不到，怎么办……"孩子小时候能做的事情不多，掌控感弱，各方面都需要依赖成人。但随着逐渐成长，孩子对世界的认知越来越完善，能力越来越强，掌控感也自然会提升。如果长大后仍然觉得自己什么都做不了，可能是父母的引导出了问题，产生了"习得性无助"。无助感和失控感是孩子后天习得的，他习惯了自己"不行"，就很难主动尝试去掌控什么，或相信自己可以做到哪一步。

父母要给孩子锻炼掌控感的机会，给他更多自由的空间去做力所能及的事，让孩子完成"跳一跳，摘到桃子"这种有一定挑战性的任务，而不是事事都替他做，让他觉得自己做不到，永远在父母的包办中生活。当孩子觉得这件事自己可以安排好，能有目标、有计划地完成这个任务，它是可以控制的，那么即便结果不尽如人意，他也能积极想办法去反思、调整和改变，他会觉得自己需要面对，也可以接住问题。

有能力的孩子不是没有问题，是遇到问题，能消化也能解决。

建立孩子的自律和执行力

孩子能够为了长期计划，忍住冲动，克服困难，那么抗挫力自然会越来越强，而这需要强大的自律与执行力。

培养自律能力对孩子来说是很难的，因为孩子的认知发展不够，容易急于求成，不能等待，也很难理性思考和应对失败。这时就需要家长以身作则，试着从孩子的日常生活开始，建立清晰稳定的家庭时间表，每天几点起床，几点吃饭，几点读书学习，几点睡觉，这样孩子就知道了什么时间该做什么事，规律的作息习惯不仅会让孩子感到安心，也有助于养成自律的习惯。

同时，家长答应孩子的事情一定要做到，这样孩子答应你的事情才会很好地执行，遵守承诺不仅可以培养孩子的诚信品质，也能促进孩子执行力的提升。

提供家庭的精神支撑

如果在某一个群组或者民族里面，人们都认为"失败是常态，人生有各种各样的意外，我们可以勇敢地去面对"，那么这个精神支柱足够强的时候，生活在其中，被这种信念或文化耳濡目染的孩子也不容易陷入挫折里。

在家庭中，父母也需要为孩子提供这样强大的精神支持，父母可以利用平常的晚饭时间和孩子聊一聊自己或父辈曾经经历的事情、遇到的失败，当时是怎么面对，然后又成长起来的。 其实这些都是让孩子强化一种认同——我们家族都是非常能扛得住挫折、经得起风雨的人，这样，孩子的精神支持也会通过家族文化的力量慢慢强大起来。

苦难教育等同于挫折教育吗？

经常看报道中有人把孩子带到沙漠里，让他徒步走五六公里；或者把孩子带到偏僻的农村，让他感受一个月洗不了澡，三天吃不了一口饱饭的滋味，认为这样孩子就能抗挫折了。 但是苦难教育等同于挫折教育吗？

挫折教育不是故意打击、摧残，也不是人为地制造一些突发困难和障碍，故意刁难孩子，这样可能不会让孩子的内心越来越强大，或越来越冷静理性地面对失败，反而容易使孩子产生习得性无助感，在那样的艰难无助情境中留下阴影，内心变得自卑和畏惧，甚至与父母的心理距离越来越远。

苦难本身不是财富，苦难过后，人的思考和反思才是。我并不鼓励对孩子进行刻意的苦难教育，因为这并不等于挫折教育，而是在拿生命做实验。孩子的成长过程本来就充斥着各种各样的实际困难，他们的身心发展有限，情绪敏感，力量弱小，养育者也常常忙碌和拒绝孩子，根本不需要为他们刻意制造苦难。

在孩子面对挫折时，父母应该接纳、包容、理解、克服，在情感上始终站在孩子的一边，给予充分的支持和鼓励，并鼓励孩子自己想办法解决问题。父母要接纳孩子，提出合理的解决建议，即使孩子对挫折产生排斥、恐惧心理，父母也要耐心地与孩子沟通，允许他们有一段时间的过渡与自我调节，不要对孩子的行为产生不耐烦的情绪，更不要在孩子处于情绪中时，对孩子进行挫折教育。因为这时讲的大道理，对孩子来说都是无用的。

过程导向

很多父母都认同优秀的孩子是夸出来的，但容易忽视这个"夸"是有技巧的。我们应通过多夸奖孩子的努力，来形成孩子的成长型思维；而不是夸孩子"很聪明""有才干"，这样会导致孩子形成一种固定的思维，即认为智力和才能是固定不变的，成功只不过是证明你的聪明和才干。具有这样思维的孩子会在失败后怀疑自己的天赋和能力，并且认为无法改变。

相反，经常被夸"你很努力""你想了好多种方法最后做到了"的孩子，他会认为能力是可以发展的，通过努力学习，自己可以变得更聪明、更优秀。所以，当我们经常夸孩子的努力、夸他的成长过程时，孩子能允许挫折或失败等可能性的存在，自我激励，努力找到解决的办法，而不是一受打击就崩溃。

具有成长型思维的孩子做事不易放弃，他能从过程中享受乐趣，不怯于向外寻求帮助，复原力更强。因为他认为自己之所以获得更大的成就，是因为自己越来越努力，而且自己找到了合适的方法去努力，而不认为自己智商低做不好。让孩子做到这一点并不难，只要父母在夸奖孩子时夸过程，不夸结果，夸具体的细节，不浮夸，多在孩子成长的过程中为他点赞，慢慢地，你就会发现孩子越来越优秀。

给孩子足够的心理营养

拒绝或者不给孩子支持并不能帮助孩子发展抗挫力，更多的时候是我们给予孩子足够的爱，让他们知道："不管我发生什么事，不管我努力的结果如何，父母都是爱我的，他们都是支持我的！"这种心理营养会使孩子更有力量去应对挫折。

新闻里经常有一些令人非常遗憾的案例。比如，父母因为家里条件好，所以替孩子的祸事买单。孩子今天砸碎了别人家的窗户，爸妈帮他修好；明天把别人家的车撞坏了，爸妈也帮他去解决；等他有一天犯罪甚至杀人了，父母还想着去为他承担。他们也爱孩子，但这种爱是溺爱，孩子没有机会去承担责任、解决问题。

我们无条件地接纳并爱孩子和溺爱是不一样的。前者是我爱你，支持和帮助你做对的事，做错事了也接纳你，但这个责任你要自己承担；后者是我爱你，所以你的事都是我的事，你所有的后果我都会帮你承担。

总的来说，父母在培养孩子抗挫力的过程中，核心的一点是让孩子知道成长是自己的，但不论他现在表现如何，父母都爱他、支持他。

✿ 在欢乐的游戏中培养抗挫折力

父母可以经常跟孩子玩一些模拟输赢的游戏，在游戏情境中帮孩子理解挫折，提升孩子的抗挫折力。比如龟兔赛跑，常规情况下我们都会认为兔子睡着了，所以乌龟赢了。但我们也可以变换规则，如果兔子没有睡着，一直在跑个不停，那谁又会赢呢？或者乌龟坐上了滑板车、火箭，谁会赢？或者是兔子背着乌龟跑了，或者乌龟驮着兔子跑了，谁会赢？当我们变换条件和规则，有各种各样的结果出现的时候，你会发现孩子能够理解并接受各种输赢的情况，因为变量一直在发生改变，而兔子和乌龟本质的优劣势并没有发生改变。孩子能把这样的游戏经验迁移到生活中，也就可以更客观地去看待生活中实际遇到的输赢了。

角色扮演游戏在孩子输赢话题上是很好的帮手，让孩子来当导演，来制定游戏规则，说明怎样算输和赢。比如跟孩子下棋，

如果是大一点儿的孩子，他可能会说，黑棋把白棋吃掉就赢了，
白棋就要表演一个节目；小一些的孩子更容易因为赢了五子棋或
者飞行棋而哈哈大笑，情绪上的奖励比物质上的输赢更能让孩子
记忆深刻。 当孩子随着游戏热情而不断变换规则时，你会发现，
孩子对于各种输赢问题的处理也会更加坦然。

"我才不会放弃！"持续助推，让坚韧的品格住进孩子内心

　　曾看过一段很"燃"的视频：一个小女孩不断地尝试跳上凳子，一次次跃起，一次次失败，一次次跌倒，一次次爬起，最终在自己的坚持和爸爸的鼓励下征服了凳子。作为普通观众，看到她站在凳子上振臂高呼时的神态，仿佛是赢得了整个世界，让人忍不住为她喝彩。

　　我们都知道坚持和毅力是事情成功的重要因素。只要向着目标坚持不懈地努力，不管路上有多少荆棘，终会得到自己想要的答案。但是，很多父母常常头疼的是孩子的耐力和毅力有限，

总是坚持不住，半途而废。

如何帮助孩子提高耐力和毅力呢？

在探讨方法之前，我想先分享我的三个孩子在两件事上的坚持：阅读、刷碗。

做这两件事，他们三个总是风雨无阻，不管病了、累了，还是过年过节，只要不是旅行出差不具备条件，他们几乎每天都会坚持完成。

为什么我要把这两件事并列在一起说？阅读和刷碗有什么关联吗？这两件事情起点相同，动机不同，状态不同，结果却是类似的。可以说，这两件事体现了坚持的两个不同方面。

先拿特别愉悦的阅读来说。我的女儿到 2 岁时大约读了 500 本绘本和故事书，这些是专门为她买的，加上图书馆借阅的，还有大人的书被她拿去阅读的，应该不少于 1000 本。从我们全家读给她，到她读给弟弟，到演给全家看，然后整本自己背下来，再到她现在连蒙带猜地独立阅读，从被动的愉悦到主动的欣喜，整个过程非常有规律。

通过孩子的阅读之路，我总结了几个让孩子爱上并坚持阅读的方法。

阅读启蒙，由父母领路

最早的阅读，都是家人选择了特别适合孩子们年龄，而且预判孩子会感兴趣的内容，并尽可能地留出大段的时间给孩子阅读。

创造无处不在的接触条件

家里到处都是书，阅读角遍布书房、客厅、卧室，甚至把电视都请出了家，把客厅变成了游乐园和书房。这样孩子就把书当成了玩具的一部分，玩耍过程中也总是有书相伴，无形中就让书成为他们成长过程中不可或缺的一部分。

帮孩子体验喜悦

当发现孩子记下了某些句子、某些片段，或者喜欢某本书，我都会鼓励孩子"你真是喜欢看书的孩子""你居然都能记得 ××（书里的角色），×× 一定也喜欢你这样的好朋友"……这样孩子会觉得喜欢看书是一件特别值得夸赞的事情，就更喜欢阅读了。

强化坚持，鼓励孩子自己输出成果

讲故事、演故事、和家人朋友聊自己看过的故事和知识，都可以帮助孩子爱上阅读，从内心认可阅读带给自己的深层价值。

对家里的孩子来说，从被动地读到主动地读，再到喜欢读、擅长读，之后到不读不行，阅读的好习惯一路坚持下来，像是长在了身上，从来没有出现"休息一天"的要求和情绪，要是哪天我说"今天不许读故事"，那估计是要哭上一整天的。

再说看上去很难让人感到快乐的刷碗吧。

他们从 2 岁起陆续开始刷碗，一开始是一周刷 2 次，到后来每天都刷。一人承包一餐，只要在家吃饭，一定有一个人会刷碗。

看上去又脏又累，还不一定能做得好的家务，孩子是怎么坚持下来的呢？

还是父母领路加上体验的喜悦。不管刷完后我觉得如何不干净，每次都会坚持"提醒刷碗——起刷碗—肯定刷碗—下次刷之前提醒要领"这个顺序，他们也就慢慢坚持下来，让刷碗成了饭后必做的事，成了生活的一部分。

当然，刷碗这件事，因为少了输出，少了高频，少了从中获得的效能感，我总感觉他们在这件事上没什么内驱力。比起阅读，兴趣指数明显下降，但这并不妨碍他们的坚持。

随着孩子们逐渐长大，他们的爱好和兴趣也越来越广泛，作为妈妈，我不强制要求溜冰、跆拳道、轮滑、画画、舞蹈这些项目他们都能坚持到底，只要他们喜欢，都可以去做。如果到了某个阶段又不感兴趣了，也可以终止。只要他们有始终喜欢并热烈追求、乐于坚持的爱好，就可以了。当然，像刷碗这样缺少创意性但作为一项生活技能必须要做的事情，即便是他们觉得无趣，我还是会鼓励他们坚持下来。

很多人认为，孩子有了兴趣就会坚持，坚持就会有所成就。这种想法确实很美好，然而事实却是：

兴趣≠坚持≠成就

有多少孩子，兴趣的小火苗只是燃烧了那么一阵子就熄灭了。想让孩子把简单的喜欢（阅读），或者不那么喜欢的行动（刷碗）坚持到底，是需要一些方法的。

我举的自家孩子的例子可能不适用于所有家庭，但背后的原理是相通的，只要家长能举一反三，在实践中摸索和培养，一定能收到成效，并建立适合自己家庭的养育模式。

不管我们使用什么方法，遵循什么步骤，必须抓住一个核心——心流。心流是心理学家米哈里·契克森米哈提出来的，他将其定义为一种将个体注意力完全投注在某项活动上的感觉，而且心流产生时会有高度的兴奋及充实感。

我自己整理了一个有关这种体验的公式：

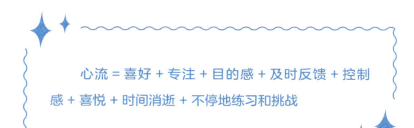

心流 = 喜好 + 专注 + 目的感 + 及时反馈 + 控制感 + 喜悦 + 时间消逝 + 不停地练习和挑战

沉浸其中不能自拔的背后，有兴趣，有压力，有挑战，有突破。刷碗没有心流，所以虽然能坚持，但是并不幸福。阅读、玩耍和创造有心流，所以不仅容易坚持，更乐在其中。

说到底，如果想让孩子坚持到底，公式不重要，重要的是孩子是否喜欢，并且找到一套享受其中的反馈和训练机制，最后把喜欢变为成就。如果孩子发自内心地相信自己能做到、很喜欢、有办法，那么，根本不用逼迫，孩子自然就能坚持。

在小事上的坚持虽然现在看起来没有什么，但是随着孩子的成长，父母的持续助推，这种坚持的习惯会辐射到他生活的各个方面，从而让坚韧的品格住进孩子的内心，让孩子在未来的道路上不管遇到任何困难，始终都能向内寻求，坚行己路。

"我可以吗？"
边界感让孩子拥有安全感

　　曾有个很耐人寻味的新闻：男童进入车主未锁的车内被困死亡，父母起诉车主："谁让你不锁好门，害得孩子出事。"这样乱把别人的车当自家玩具而导致的悲剧，实在让人唏嘘。明明是孩子自己没有搞清楚私人空间和公共区域的界限，出事了反而赖别人没锁好车。

　　这件事情发生之后，很多父母在微博咨询我，他们都希望孩子"懂进退，知尺度"，可是该怎么帮助孩子理解边界呢？

　　有的父母毫无边界感，有的父母则反应过度。比如，5岁孩子因拿别人东西，父母报警；9岁孩子乱充游戏币，父亲让其自首……

我和女儿聊了这几则新闻，5 岁的女儿说："拿别人东西，碰别人的车和房子肯定不可以，我觉得他如果真的很喜欢这个东西，要得到邀请才可以。"

🍡 为什么孩子没有边界感？

很多孩子看到喜欢的东西都觉得是自己的，这里面有多种原因。

一是对于 3 岁以内的孩子来说，他们大都自我中心，认为"我看到的都是我的"。所以低龄段的孩子总会不自觉地争抢、乱拿、乱碰，不是因为没礼貌，而是因为心理特征决定了他们会这样做。而且他们常常"双标"——"我的是我的，你的也是我的"。

二是边界感和物权意识发展有限，也会导致孩子对自己和别人的物品没有概念。比如父母平时面对孩子时，"你的""我的""我们的"这些界定不太明确，导致孩子的边界感模糊。我经常看到，很多父母一开始拒绝孩子翻自己的包和手机，但孩子一哭闹，父母的立场就不坚定了，默许孩子继续动自己的东西。这一点延伸在家庭和社交里，就强化了孩子"所有东西，只要我想玩，都可以拿"的意识。

三是孩子没找到"解决问题"的方法。孩子不知道怎么和父母沟通自己的想法，不会表达自己的喜欢，和小朋友社交游戏的规则还没建立，不知道如何明确自己的需要，不懂沟通，等等。这个时候，抢、打、争、偷就变成了最直接的行为语言，替代了本该处于第一位的口头语言，侵犯了彼此的边界。

四是孩子担心父母不允许。如果父母限制孩子很多，或者家里的经济条件很紧张，什么都不给买，那么，孩子看到别人的东西就会想要。

以上只是孩子缺乏边界感常见的几种原因，背后涉及的边界、物权、交流、沟通、亲子互动等，远远不止"孩子不能乱动别人东西"这么简单。作为父母，面对孩子的每一个不良行为，我们都应当挖掘其背后的原因。

如果孩子碰了别人的东西，该怎么办？

如果孩子在自己没看到的时刻，或者别的家庭成员纵容的地方，拿了别人的东西，不要急着批评，这恰恰是帮孩子建立物权意识的好机会。

我们要理解孩子。我们可以问孩子："你是不是太喜欢

了？""你是不是忘记还给别人了？"孩子会特别在意别人的看
法，他知道自己做得不好，只是没忍住，并不是有意要去拿的。
给孩子台阶下，要让孩子知道这并不是不可原谅的，所有的问题
都有办法解决。情绪上的理解，比行为上的管教更有效果。

在孩子的情绪被安抚之后，需要帮助孩子把边界修正，也就
是和孩子一起商量解决方案。比如可以一起还给别人，及时道
歉，并且主动寻求对方的谅解。事情既已发生，重点不是苛责
和修正孩子的"问题行为"，而是应该帮助孩子看到边界，寻求
方法，找回平衡。

如果孩子拿别人的东西是因为条件不允许他获得这个东
西，那我们可以与他一起讨论可行的替代方案，找到更好的"出
口"，合理满足并转化孩子的需求。不超过预算的可以买，按照
社交规则还可以借，甚至开动脑筋自己创作……我家孩子小时
候特别喜欢小猫、小狗，但由于实在没有多余的精力照顾小动
物，我就给他们折了几个手工宠物，他们到现在都保留着，十分
喜欢。其实孩子需要的不是一个玩具，而是一种满足。发现孩
子的合理需求，及时满足，方法有很多，在帮孩子建立物权意识
方面，父母大有可为。

想要让孩子有清晰的边界感，父母平时可以注意和孩子一起
用"你的""我的""大家的"，将需要借、需要换、需要买等概

念渗透在生活里。一个拥有足够的爱，家人也有边界感的孩子，自然不容易出现越界的行为。

没有天生的坏小孩，也没有天生的边界感。孩子缺乏边界感，是因为情绪控制能力、自律能力还比较弱，恐吓和贴标签只会加重孩子的匮乏感和羞耻感，引发自卑、恐惧、不信任等情绪。

即便孩子出现了偷拿别人东西的行为，也不能就此否认他身上的优点。回顾我们的童年，谁身上不曾出现这些问题呢？但随着成长和社交的发展，心理阶段的成熟，这些问题不都解决了吗？孩子也需要这些小小的问题来平衡成长。

在不良的行为里帮助孩子一起面对情绪，孩子才能健康成长。孩子最需要的是帮助，从生活细节里帮助孩子建立边界感，让孩子从小事中明白社会规则，这就是教育。

"我不需要!"
会说 NO 的孩子才会说 YES

　　每次带孩子们在小区里玩,看着孩子们嬉戏打闹,大人们在一旁陪伴或乘凉,我总是不禁"犯职业病"——观察他们的性格特点。

　　即便孩子不多,但每一次我都能发现孩子们不同的个性。有的孩子勇敢,有的孩子坚强,有的孩子随和,有的孩子偏自我……

　　有一次,角落里的一番交谈引起了我的注意。

　　"你的平衡车借我玩玩好吗?"一个女孩向正玩得兴致勃勃的男孩借玩具。

　　男孩不作声,低头看着自己的平衡车,若有所思。

"借我玩一会儿，就一会儿，玩完就还你！"

男孩貌似经过一番内心挣扎，最后还是借给了她，但是很失落的样子。

在当今的教育下，大多数好孩子，都觉得别人的想法非常重要，不敢说 NO。

　　1.别人需要帮忙，即便自己根本不"顺便"，还是答应了。

　　2.有人伤害了自己，不管自己是否有情绪，都照单全收，忍气吞声。

　　3.机会就在前方，内心也很渴望，可就是不好意思表达，只好眼睁睁地看着别人赢。

为了一句"好人"，或者因不好意思拒绝，我们浪费了太多的时间与精力，在满足别人的过程中自己却一肚子怨气，总懊悔自己"太窝囊"。长此以往，边界感被模糊，自我被压抑，很容易自我攻击和自我否定。长大后，我们可能会把大部分时间花费在帮助别人上，久而久之被默认为"打杂的"。

每个善良的大人，可能都经历过类似的阶段。直到被生活碰得头破血流，才知道"中庸之道""懂得谦让""吃亏是福"并不是真理，应该批判性地、具体地看待。尤其是当了父母，才意识到孩子身上经常有自己当年的"包子气质"：老好人、太温和、不懂得争取。

同理心强和高敏感的孩子，更容易变"包子"

孩子同理心强，不忍心看别人难过，不好意思拒绝别人，也是因为自己细腻地感受到了对方的情绪和期待。能换位思考，急人所难，不是软弱，而是高敏感的善意。这样的孩子，情感细腻，笑点、泪点低，很容易被感动。一方面，这可能让父母捏把汗，担心孩子被欺负、利用，久而久之，被压抑成"包子气质"的人；另一方面，他也可能因自己的感恩、温暖、责任心而受欢迎。

表达自己，是边界感的开始

作家毕淑敏曾说："拒绝是一种权利，就像生存是一种权利。"

我们都要学会的"边界感"，就是从认识自己和他人开始的，这可以帮助孩子从小识别情绪、表达感受、懂得拒绝，最终学会独立解决问题。

1. 明确表达自己的感受。

（你抢了我的玩具，我很难过。）

2. 觉得不喜欢的事情，一开始就不要接受。

（不好意思，我不喜欢你说这样的话。）

3. 先表达自己的选择。

（我今天很想穿这件衣服。）

4. 该拒绝就拒绝，并相信友好的关系不会因此被破坏。

（虽然你是我的好朋友，但是很抱歉，我做不到。）

5. 懂得主动选择，而不是被动接受。

（我想玩这个玩具，你呢？）

在家里敢真诚，社交中更有主见

一般来说，在家里更主动，敢于直接和父母表达需求的孩子，更敢于在社交中说 NO。

孩子对父母说 NO，对父母来说，一定是不省力的一件事路。因为独立的代价是给孩子更多的话语权，放弃更多自以为是的权威，小到穿什么衣服，大到家庭采购，很多生活情境都是帮助孩子"做好选择"的练兵场。

"谢谢妈妈，我吃饱了。"

"可是爸爸，我现在不想写作业。"

"我更想做 ×××。"

……

这样的对话，需要父母接纳孩子的想法，商讨彼此能接受的行为，必要的时候，双方都要做一定的妥协。

孩子觉得表达真实的内心是安全的，就会持续表达；如果觉得父母并不期待他的"NO"，就会放弃沟通。这种模式，也会迁移到社交中。

学会礼貌拒绝而不必感到歉疚，会让孩子终身受益。学会说 NO，是懂得优化选择的开始。对孩子来说，勇敢地表达自己的想法，并相信拒绝别人也不会伤害关系，而且还知道如何推进共同的选择和决定，这样他才会越来越懂得选择的力量。父母也要帮助孩子理解"你不选择自己，就会被别人选择"，这不是腹黑，也不残酷，而是帮助孩子和选择一起成长。不过度迎合，不压抑自己，在真诚中寻找合作和成长。

当然，自我完整的父母，也更容易培养自我完整又有边界感的孩子。一起做选择，来成就彼此吧。

"我要说出来！" 敢于表达，让内心更强大

女儿手拿话筒："大家晚上好！欢迎来看千万亿的影子剧场。我是小千，今晚由我来担任主持人。下面掌声有请小万、小亿为我们表演武术。"

我家晚上经常上演这样的"节目"。我相信很多孩子在小的时候都有拿起话筒站在沙发上演讲的故事。虽然孩子这样表现是因为好奇，会觉得话筒里的声音怎么和自己的声音有点儿不一样，这个声音好像更好听，或者觉得像舞台上的明星一样拿着话筒很好玩。其实这种因为新奇而进行的尝

试，却是孩子作为一个独立的人，想要表达和展示自己的最初愿望。

在日常生活中，和孩子多互动交流能激发孩子的表达欲望，更多的亲子阅读能丰富孩子的词汇，让孩子给大人讲故事能巩固所学，帮助孩子亲近大自然能开阔孩子的视野……这些都有助于孩子多元能力的提升，而"玩话筒"就是帮助孩子在当下实现从"有话说不出"到"有话说得好"的飞跃。

鼓励孩子参与玩话筒游戏，孩子不光自己觉得有趣，还可以感受到在面对别人和外界时，从话筒中传出来的言语经过思考后会变得更加美妙和动听。这种深切的体验可以激发孩子更乐意去玩、去学新的东西，因为展示欲能够激发更强的学习欲——输出，也是强化输入最好的方法。

语言启蒙，父母也要学着"话唠"

任何能力的启蒙都离不开家庭氛围，父母热情开朗、善于表达，孩子一定不会少言寡语、惜字如金。父母只要稍微留心，就可以为孩子提供一个善于表达的家庭氛围。

买一个玩具话筒

我家里的孩子很爱玩话筒，因而在他们很小的时候，我就给他们每人买了一个自带物理回声的专属话筒，这样他们玩起来相互不受影响，也不起争执，每个人都可以不断尝试，轮流发言。在这个过程中，他们各自找到了用话筒说话的感觉，还了解到物理发声的规律，一举多得。

大人主动参与

大人的参与能为孩子助兴。做一个热心的观众，能让孩子的"演讲"更起劲。另外，家长也可以为孩子做榜样和示范，比如给孩子讲喜欢的绘本故事，然后把舞台交给孩子，让孩子复述绘本中的人物、故事情节。这样不仅锻炼了孩子组织语言、复述故事的能力，也能让孩子对故事有更深的理解。

不要吝啬鼓励和赞美

孩子所有的成长都是外界的认可和肯定转化为内在价值和自我评价的结果。赞美的语言，尤其是父母的语言最动听、最有力。父母的及时点赞就像孩子成长的"冲锋号角"，让孩子想要持续玩下去。很多时候，孩子还会主动来寻求我们的"点赞"，这个时候一定不要吝啬你的赞美。当然，赞美不只是说一句"你很棒"就结束了，一定要看到孩子的努力与付出，从心底发出对他的赞扬，要知道孩子的洞察力在这个时候是很强的，赞美走不走心，他们立刻就能感觉出来。

多子女家庭要进行"同台演讲"

在多子女家庭中，孩子可以人手一支话筒，然后开启他们自己最开心的"演艺"时刻。用话筒表演既能丰富他们的游戏生活，还能让他们从中学会彼此欣赏，学习对方的表达。

可以进行丰富多彩的演艺节目

鼓励孩子们举起手中的话筒，可以主持、唱歌，也可以诗朗诵、猜谜语，或者重复幼儿园里他们记忆深刻的情节，甚至可以开家庭大会，编排话剧，说一些无厘头和奇怪的想法。你会发现，孩子们在这个过程中会展示出很多令人惊叹的想法。

提供特定的展示场景

刺激孩子即兴发挥，有助于孩子快速组织语言，促进多元能力的同步发展，比如思维、词汇、肢体动作、面部表情、配合、组织能力等。孩子可以邀请其他小朋友一起参与，也可以在周末或生日聚会时邀请好朋友参加。

提高难度——互动采访

鼓励孩子用大人的手机和亲戚朋友远程采访互动。大人可以先做一个铺垫："妈，孩子有话要和你说。"然后把手机递给孩子，让孩子自主地表达他们的想法和问题。又或者去公园、去旅行时，让孩子大胆地采访遇到的小伙伴们，这样让孩子实现从打电话到采访的过渡，孩子就会很自然地了解一些对他们而言有价值或有趣的事情。

🔵 公共表达启蒙，越早越好

在欧美很多国家，公共演讲是一门必修课程，其中的戏剧表演、公共展示、作品报告等公共表达的机会，对孩子们的个体展示和团队协作都非常重要。

同样，让孩子在玩话筒中实地演习，对其表达、合作、设计、应变、创造等能力的提升都会有意想不到的帮助。很多对公众演讲恐惧的人，就是小时候没有得到足够的锻炼，要么父母逼得太狠，要么根本没有机会锻炼自己的表达能力。

在孩子还小的时候就开始演讲启蒙，让孩子大胆地说出自己的想法，他长大后就不容易过度惧怕表达了，反而能理解适度的紧张和焦虑可以帮助自己更好地表现自我。 即使在公共场合不免紧张时，他也会讲好开场白，进入自如的状态，从容地讲述自己想要表达的内容。

第四章

父母的情绪，
决定孩子的
社交质量

别让你的情绪管理能力影响孩子

　　父母是孩子最好的教练，父母的情绪管理水平怎样，孩子的情绪管理水平就会怎样。很多父母可能会问："我就是这个样子，但我可以努力让孩子做得更好吗？"其实，父母的情绪管理能力、解决问题能力和社交技能是会代际传承的，让孩子更好不是不可以，但父母要看到自己是孩子的起点，需要和孩子一起抵达目标。

　　可能有些父母不认同，认为自己改不改变不重要，只要给孩子买非常多的好书，报非常多的课外班，提供各种高品质的资源……就可以使孩子更优秀。但亲自实践的就知道，这样的实际效果往往事与愿违。

哈佛大学曾有一项研究发现：比起父母为孩子做了什么，更重要的是父母是什么样的人，后者更能深刻地影响孩子。因此，我们在希望孩子成为什么样的人之前，首先要看一看自己是否也能成为这样的人。具体到情绪方面，也是如此。

如果我们变成宝宝

我们常说要蹲下来，站在孩子的角度看待问题，现在，就让我们从孩子的视角"经历"生活中最平常的片段吧。

片段一

现在，你是一个两个月的宝宝，每天你都会在凌晨三点醒来，开始啼哭。你的妈妈走进来，在接下来的半个小时中，你心满意足地吮吸着妈妈的乳汁，妈妈深情地看着你，告诉你她很高兴哺育你，即使是在半夜。你因为得到了母爱而满足，继续入睡……

片段二

现在，你还是一个两个月的宝宝，也在凌晨时分哭醒，但你遇到的是一位紧张、易怒的妈妈，她刚刚和爸爸吵完架，一个小时前才入睡。被哭声吵醒的妈妈一下子把你抱起来，对你说："安静点儿，我再也受不了了，来吧，一次折腾完吧。"在你吃奶的时候，妈妈没有看着你，而是冷漠地盯着墙，心里想着和丈夫吵架的事，越想越气恼。你感觉到妈妈的紧张，开始扭动抗拒，并停止吃奶。"你想这样是吗？"妈妈说，"那就不要吃了。"她一下子把你用力地放回婴儿床，大步走出房间，留下你一直啼哭。你哭啊哭，直至筋疲力尽后入睡……

你觉得哪一个"你"长大以后会更快乐呢？

根据某国国家临床婴儿项目中心的报告，不同类型的亲子互动模式，将让孩子持续产生不同的感受，影响孩子对自己、亲人及亲密关系的认识。

第一个宝宝发现：他可以相信别人会关注他的需要，并提供帮助，他可以有求必应。

第二个宝宝发现：没有人真正关心他，别人指望不上，他无法寻求安慰。

当然，我们既不会完全是片段一的情况，更不会所有时刻都处于片段二的情形，大多数宝宝或多或少都会遇到这两种情况。

但如果父母长期以来用某种特定的模式对待宝宝，到了一定程度，父母基本的情绪经验就会复制到宝宝身上。孩子对于他们在世界上是否安全，他们的感受能否得到关注，别人是否可靠等情绪经验就这样慢慢形成了。著名情商专家爱利克·埃里克森将此概括为孩子感到基本信任或基本不信任。

如果孩子在玩一个很复杂的游戏，当他寻求妈妈的帮助时，妈妈或者非常乐意帮忙，或者因为过于忙碌而随口说："别烦我，我有重要的事情要做。"这两者表达的信息是不一样的。如果这种交流变成亲子之间的日常模式，它就会从正面或负面影响孩子的人际关系，乃至人生观。

如果父母不成熟、滥用药物、情绪波动明显、生活混乱不堪，他们的孩子会遭受非常大的风险。因为这类父母无法给予孩子足够的关爱，更别提与孩子的情绪需要协调一致了。

🔵 纯粹的忽视，可能比直接的虐待更有害

　　一项关于受虐待儿童的调查发现，受到忽视的青少年的情况最糟糕：在他们的生命中，焦虑、难以集中精神、麻木不仁、好斗和孤僻交替出现。由于情绪经验对幼儿早期学习的影响非常深刻，他们一年级留级的概率是 65%（来自美国高中统计文献）。孩子生命开始的前 4 年关键的情绪经验会对他的人生产生巨大的持续影响：

孩子无法集中注意力。

怀疑甚于信任。

悲伤或愤怒甚于乐观向上。

破坏成性甚于恭敬有礼。

过度焦虑，被恐惧的幻想包围。

经常对自己感到不满意。

······

　　除非孩子在今后的生活中展现出无比强大的自我修复能力，

否则，在大多数情况下，这种孩子基本没有机会，甚至没有能量去探寻生命的可能性。

孩子看待情绪的态度，决定了世界对待孩子的态度。从这个角度看，高情商的父母才能有高情商的孩子。为人父母者，必须要担负自己的责任，看见孩子，回应孩子。

✿ 先处理情绪，再解决问题

心理学上有一个说法叫作"踢猫效应"：爸爸上班时跟老板发生了一些争执，很不愉快，回到家里后，就跟在做饭的妈妈说："这饭真难吃。"妈妈听后有点儿生气，自己辛辛苦苦做一顿饭，还没有人欣赏，就跟孩子说："你今天考试没考好，怎么学习的？一点儿都不争气。"孩子也很生气，跑到楼道里，正好看到一只猫，就踢了猫。

这个效应呈现了整个家庭的情绪流动，它从强者流向弱者，而孩子无疑是所有情绪流动中最薄弱的环节。其中透露出的另一点是：当父母心情愉悦时，会觉得孩子调皮也很可爱；当父母心情不好或很疲惫时，孩子安静地坐在那里都很想揍他。所以作为父母，我们更大的责任是把自己的情绪管理好。如果我们自己的情绪能够调整到一个比较好的状态，就能够给孩子高效陪伴的时间。父母应该多给自己留一点点空间，调整好自己的情绪，这样，你将会发现孩子更可爱了，家庭更美好了。

最好的教育其实就是拥有一个稳定的家庭，亲子关系永远先于亲子教育。我们期待孩子更好地成长，但评价标准不在孩子的成绩上，而在我们跟孩子之间的情绪流动中，在与孩子的关系、对孩子的陪伴里。

总之，情绪是有密码的，我们有方法来管理它。在跟孩子的互动中，父母可以通过自己的力量让孩子成长得更好。跟孩子更好地互动、玩耍与陪伴是一切情绪问题的答案。

这里我做一个简要归纳：

1. 亲子互动模式的量变会引起质变。

长期以来，父母用某种特定的模式对待孩子，到了一定程度，他们基本的情绪经验就会复制到婴儿身上。不同的亲子互动的方式将会让孩子体验到完全不同的感受，影响他对自己以及最亲密的人的认识。

2.纯粹的忽视可能比直接的虐待更为有害。

孩子的情绪学习从婴儿期甚至胎儿期就开始了，并贯穿于整个童年期。生命早期关键的情绪经验对孩子的一生产生巨大且持续的影响。如果父母忽视孩子，并且这种忽视成为亲子之间的常态，孩子的生命很可能变得难以专注、多疑、容易悲伤或愤怒，甚至过度焦虑、破坏成性。

3.情绪的处理当优先于事情的解决。

情绪是会流动的，家庭中的情绪一般从强者流向弱者，孩子自然成为所有情绪流动中最薄弱的环节。所以，作为父母，首要的是把自己的情绪管理好，再去解决当下遇到的问题，这样才能给孩子带来高效的陪伴，而不是消极情绪的负面影响。

🔵 非暴力沟通三段法

生活中很多矛盾并不是谁对谁错等客观因素引起的，往往是因为我们的沟通不当，很小的一件事就能引发很大的冲突。父母可以在家里练习使用非暴力沟通三段法，改善沟通技巧，减少不必要的矛盾和伤害。

什么是非暴力沟通三段法？非暴力沟通三段法就是事情发生后，先描述自己看到的事实，再分享自己所感受到的情绪，最后明确表达自己对对方的期待。

比如，当你看到孩子不睡觉，一直在床上打滚时，你并不是直接发脾气、抱怨，而是跟孩子说："妈妈看到你一直在打滚，妈妈觉得很难过、很挫败，因为我都哄你 1 小时了，你还是不睡觉。我希望现在我们再玩 2 分钟，就可以一起睡觉。"你在尝试跟孩子这样表达的时候，可能就没那么愤怒了，孩子也会听出妈妈确实是希望自己早点儿睡觉。夫妻吵架同样可以用这样的沟通方式。

当我们借助这三段法来跟孩子或其他人沟通时，我们会得到很多意外的回馈，因为这不是在攻击孩子，也不是在攻击别人，里面没有在情绪中的锐气，而是在真实地表达自己看到的、感受到的和期待的。而且我们相信在这样的沟通中，孩子也一定有资源和能力给我们相应的回馈。

父母吵架，是孩子最好的情商实践课

温格·朱莉在《幸福婚姻法则》里说过一句话："再恩爱的夫妻，一生中也有 200 次想离婚的念头，50 次想掐死对方的冲动。"

作为最复杂的亲密关系，夫妻关系是最让人头疼的。生活习惯、思维方式、文化习俗、消费观的差异，隔代关系、育儿观念的不一致，夫妻生活的不和谐等各种因素，都会成为夫妻关系危机的导火索。可以毫不夸张地说，这个世界上根本没有不吵架的夫妻，那些能白头偕老的伴侣，绝不是大家想象中的"相敬如宾""举案齐眉"，而是深谙"吵架艺术"的夫妻。

在所有引发夫妻吵架的因素中，育儿可能是最主要的一个。夫妻因育儿问题吵架的背后是夫妻关系紧张、各自为政，最后往往因观念不合以及情绪不和而导致矛盾大爆发，直到两败俱伤。

很多妈妈最心寒的丧偶式育儿，往往都是源于妈妈做得多、管得多、批评多，而爸爸做得少、陪得少、成就少。妈妈一边责备对方，一边用彼此的冲突来惩罚孩子，其实是对孩子更大的伤害。

夫妻为什么会争吵？

一对情侣，最初从连体婴儿一般相爱，再到走向冲突的独立个体，最终成为彼此尊重、和谐相处的夫妻，这个过程是漫长而艰难的。

两个人从 1+1=1，发展到 1+1=0，再到 1+1>2，每一步都伴随着彼此差异的磨合和冲突。以下这些沟通中的陷阱，特别容易招致激烈的争吵和对抗。

1. 责备和问罪：都是你的错。

2. 谩骂：你是不是脑子坏了？！

3. 威胁：你再这样就离婚！

4. 命令：你必须听我的！

5. 说教：我懂得比你多，你应该……

6. 警告：我最后告诉你一次……

7. 控诉：要不是因为你，我早就……

8. 比较：你看看别人家的老公……

9. 讽刺、挖苦：就你这样的，还挑三拣四？

10. 妄下结论：不听我的，你总有一天会后悔。

这类沟通总的来说就是"我是对的""我付出的更多""我是为你好"，本质上都是一方对另一方的控制。这些语言对孩子来说，就是双亲的厮杀和博弈。

父母吵架，受伤的总是孩子

研究发现，父母激烈争吵对孩子的身心健康影响深远。诸如大脑发育、心理健康、情绪问题及行为问题，甚至生长发育问题、体弱多病和青春期问题……都是频繁争吵的家庭中孩子成长的"影子"。

父母激烈争吵容易让孩子产生消极的感受。

1.引发孩子的错误归因："父母吵架是因为我。"

2.最亲近的人发生激烈的冲突，孩子会感到不知所措，容易失去安全感和稳定感。

3.情绪上的连锁反应，就像"踢猫效应"一般，负面情绪被持续传染、酝酿、升级。强烈的负面情绪又会引发应激反应，继而导致孩子的心理和行为问题。

父母争吵时的暴力行为比语言冲突更伤害孩子。

暴力行为对孩子的伤害主要体现在三个方面：

1.情绪经验的消极学习。孩子成长的主要方式是模仿，暴力行为特别容易被孩子习得。孩子会在无意识状态下，采取自己熟悉的方式来处理问题。

2.父母的暴力示范，会让孩子认为处理冲突和问题的方式就是暴力。

3.创伤的代际传递。孩子因为习惯了父母的暴力，日后容易在亲密关系和社交中变成施暴者或受暴者。同时不容忽视的是，孩子当时的情绪波动和情绪垃圾也会慢慢积累，持续地影响其生活。

孩子害怕的不是父母吵架，而是父母不会"好好吵架"

那么，是不是父母一定不能当着孩子的面争吵呢？也不绝对。如果父母能够坚守底线，不对彼此进行人身攻击，并尝试进行"非暴力沟通"，表达自己的需求、感受和想法，积极寻求问题的解决方法，这样的"好好吵架"对孩子而言是很好的情绪示范。所以说，问题不在于父母吵不吵架，而在于他们如何吵。

> 父母不吵架分两种：
>
> 一种是所有情绪和感受都得到了充分表达和合理沟通，不需要吵架；另一种是避免沟通，为了不吵架而不吵架。

第一种是真和谐，第二种是假和谐。真和谐的父母一定是很好的情商教练；假和谐的父母反而无法真实地表达自己，为了孩子而压抑自己的真实需求，这种情境中的情绪不是流动的，所以孩子只能看到父母之间彼此的妥协，而看不到冲突化解和问题解决的过程，缺乏真实的"冲突案例研究"机会。这种环境中成长的孩子，长大以后，在社交中也很难很好地表达自己、应对冲突。

我曾经接触过这样一个案例，父母近十余年不说话，分房分餐，连亲人去世这样的大事都是靠别人传话，相互之间不仅零吵架，更是零交流。这样的假和谐之下，家里几代儿孙的社交都比较封闭，亲密关系也大有问题。所以说，不吵架不代表真和谐。小吵怡情，大吵伤心。

非暴力沟通为我们示范了绝佳的对话技巧。

一是先处理情绪，再处理事情。自己先有意识地处理好自己不愉快的情绪，而不是任由负面情绪蔓延。因为我们在强烈的情绪中容易进入应激状态，出现一些非常态的言行。

二是对事不对人。表达自己对这件事的感受，而不是对对方的抱怨。

三是夫妻也需要共情。双方都试着换位思考，想想对方的需求和感受。冷静下来后，努力寻求解决办法。

我个人的体会是，吵架很容易越吵越凶，深呼吸或暂停几分钟都是让情绪降温的好办法。每对夫妻沟通模式不同，有人习惯热吵，有人喜欢冷战，但都不能过度。给对方一个"时间差"让情绪缓和一下，之后再好好沟通与交流彼此的想法、需求，找到解决问题的方法。当然，关系就像双人舞，每个家庭都有自己处理问题的独特模式，但最终的解决方法都离不开真实的表达和彼此的和解。

● "灾"后重建，重点是要和好

即便未能避免吵架失控，事后父母也可以有很好的处理方式，那就是让孩子看到他们和好的过程。

首先，向孩子解释人与人之间是有差异、有冲突的，父母只是在某些事情上有分歧。

其次，坦言这次争吵是父母的事，与孩子无关，并不是因孩子而起。最重要的是告诉孩子，不管发生什么事，爸爸妈妈都爱你。

最后，在战火消散后，告诉孩子父母已经和好了，下次遇到分歧时我们会妥善处理。

如果孩子在父母争执后已经有强烈的情绪问题，甚至异常行为，有攻击性，则可以通过安全的攻击性游戏帮助孩子宣泄情绪，比如打枕头、打沙袋等高强度游戏。还可以通过角色扮演游戏，让孩子重演现场，比如孩子假装爸爸，玩具充当妈妈，以这种方式使孩子理解真实的冲突和情绪。当然，通过讲绘本、画画、玩音乐、模拟角色演动画等方式，也可以帮助孩子梳理和宣泄自己的情绪感受。

其实在一段完美的争吵（冲突—和解—重建—修复）中，父母真实地呈现了自己在亲密关系、社会交往中的冲突与矛盾，孩子可以从第三者的视角看到父母是如何在冲突中走向合作的：情绪的爆发、感受的表达、感情的描述处理与控制、问题的沟通与解决……这就是最好的实战案例分析了。尤其是父母从对立走向和解的过程，可以让孩子也获得这样的情绪经验。

我们普遍认为父母的吵架模式会复制给孩子。儿童学习最重要的方式是模仿，情绪经验的传递就是孩子安全感、信任感、情绪管理能力、社交能力等方面的全面学习。但是，父母的吵架模式对孩子的影响不一定就是不可逆转的。

在完美争吵或者非暴力沟通模式中的父母吵架，孩子是在积极进行社会情绪学习和问题解决；而在负性沟通模式中的父母吵架，孩子则很容易因模仿和情绪经验的习得消极复制，但也有可能批判性继承，因为随着孩子逐渐成长、成熟，他也有主动思考和自我修复的能力。

天下没有无分歧的家庭，夫妻争吵对于孩子而言，是一种真实而又强烈的情绪体验。父母要做的是好好说话，好好吵架，好好重建，在真实流动的情绪中给孩子稳定、和谐的成长环境。

高质量陪伴，
养出情绪稳定的孩子

一位二胎妈妈家的两个孩子各有各的问题。平常在很多人面前，老大总是一副好姐姐的样子，不仅很照顾弟弟的感受，而且还把弟弟的生活起居照料得无微不至。但同时却总是在爸爸妈妈、爷爷奶奶看不到的地方偷偷地欺负弟弟，在他们转过身的时候，她会时不时地捏一捏弟弟，或者向弟弟瞪眼睛、踢弟弟，这样的行为让这位妈妈非常困扰，她甚至怀疑孩子是不是有心理问题。

而弟弟呢？他表现得非常有嫉妒心，每次妈妈说姐姐哪方面做得好，或者是姐姐得了奖状，弟弟都会特别生气，甚至开始号啕大哭。很多时候妈妈还没有开始批评弟弟，他已经委屈得直掉眼泪了，甚至经常对妈妈大吼："这不公平，凭什么？姐姐就可以做这件事情，我就不可以。"这样的行为也让她非常困扰。

其实，这样的问题都是因为缺乏高质量的陪伴。看似爸爸妈妈花了很多时间陪孩子，但是每个孩子都没有获得足够的爱和高质量的互动，以至于容易情绪化，手足相争也愈演愈烈。

3 岁孩子的理智脑相当于成人理智脑的 70%，而孩子的情绪脑要到 20 岁以后才能发展成熟，这就注定了孩子成长的过程就是一个情绪失控，然后又重新得到控制的历史。

正常孩子的情绪脑多于理智脑，任性冲动的时候也更多。在了解孩子的大脑发育特点后，我们再去看孩子的行为，就能理解为什么他前一刻像个小大人，后一秒却截然不同了，因为他的大脑就是为了发脾气、失控、情绪化所准备的。不管老大是 8 岁、10 岁还是 18 岁，不管老二是 3 岁、5 岁还是 13 岁，任何年龄段的孩子都有自己的情绪困扰。因此，我们能理解为什么明明老大已经那么大了，还不能让着弟弟；也能理解为什么弟弟明明已经得到了所有的偏爱，还是容易情绪失控。

面对这样的难题，最重要的解决方法就是高质量地陪伴孩子。尤其是在孩子生命早期的前 6 年，陪伴可以说是孩子最重要的心理营养。

什么是高质量的陪伴呢？高质量的陪伴至少需要具备以下几点。

心理空间的陪伴比物理空间的陪伴更重要

现实生活中，经常会出现这样的情景：妈妈刷手机，抱着自己的"电子孩子"，小朋友则在旁边玩游戏，抱着自己的"iPad妈妈"，孩子时不时地喊"妈妈快看我的作品""妈妈快看我画的画"，而妈妈头也不抬地继续看着手机……其实，这样的相处方式既没有交流，也没有互动，只是人在一起，心并没有在一起，算不上心理上的陪伴。然而对孩子来说，陪伴最重要的是，不管时间长短，爸爸妈妈能在旁边能够关注他、回应他，甚至即便各忙各的，爸爸妈妈也能够随时用饱含爱意的细致观察来回应孩子的需求。

一对一，而不是一对多

尤其是有两个孩子的家庭，妈妈经常一个人带着两个孩子，或者两个孩子因为抢玩具、不肯分享、规则不统一而大打出手时，爸爸妈妈空降过来，给两个孩子评理。这个时候父母的功能更像消防员、法官，结果往往是老大越来越喜欢告状，老二越来越委屈。

所以爸爸妈妈一定要记住，陪伴更多的时候需要一对一。比如，爸爸妈妈两人每天分别留出10～20分钟只陪伴其中一个孩子，老大在做作业的时候，可以单独给老二讲故事，或者老二在玩玩具的时候，单独跟老大玩一会儿只有你们两个人才能玩的游戏。

在一对一的陪伴里，让孩子主动选择他想玩的游戏。比如今天专心陪老大写了20分钟作业，但这个任务不是他选择的，这就不叫专门的一对一。一对一的陪伴，首先是只有你们两个人，其次是不被打扰，最后是孩子来主导你们之间的游戏。

注意情绪状态

所谓情绪状态，就是在你们互动的时候，重要的不是玩了多长时间，玩得有多么高兴，而是你们之间的积极连接一直存在。其实，情绪状态比互动状态更加重要。哪怕你只是陪了孩子2分钟或5分钟，但在这段时间里你没有给他负面的评价，没有说他玩得不好、玩得不对，而且你能感觉到他是满足且喜悦的，这个时候孩子也能感受到爸爸妈妈对自己全情的陪伴和投入，这就是好的情绪状态。

多关注孩子的积极行为

父母的养育方式，不管是民主型，有事好商量；还是权威型，凡事必须听爸妈的；抑或是允许孩子在自由和规则之间找到更大的空间，都需要我们跟孩子之间有更多良性的反馈，建立一个积极的循环。其实，在家庭教育的土壤里是很容易形成这样的生态循环的，你越觉得孩子好养，越用积极的方式去养育他，你的孩子就会变得越积极。相反，你越觉得孩子难养，越用消极的方式养育他，他也会变得越消极。

尤其对于有两个孩子的家庭，孩子之间的冲突和矛盾可能源于他们之间的差异没有被看到。父母用同样的标准和要求约束不同的孩子，他们感受到的就是不公平，甚至是压抑。

当我们同时做到了心理空间上的陪伴，一对一地让孩子主导游戏，在跟孩子玩的时候全身心投入，以及多关注孩子们的积极行为时，高质量的陪伴才算做到位了。

其实高质量的陪伴是相互的，不只是我们去陪着孩子，孩子也在滋养着我们。孩子会用他们的特点、规律和情绪，让我们看到他们的需求，也让我们给予他们更积极的教养方式和更多的尊重。陪伴的是孩子，成长的是我们。